水利部黄河水利委员会

黄河防洪工程预算定额

黄河水利出版社
·郑州·

图书在版编目（CIP）数据

黄河防洪工程预算定额/水利部黄河水利委员会编.
—郑州：黄河水利出版社，2012.5
ISBN 978-7-5509-0237-4

Ⅰ.①黄… Ⅱ.①水… Ⅲ.①黄河-防洪工程-预算定额 Ⅳ.①TV882.1

中国版本图书馆CIP数据核字(2012)第074751号

组稿编辑:王路平　电话:0371-66022212　E-mail:hhslwlp@126.com

出 版 社:黄河水利出版社
地址:河南省郑州市顺河路黄委会综合楼14层　邮政编码:450003
发行单位:黄河水利出版社
发行部电话:0371-66026940、66020550、66028024、66022620(传真)
E-mail:hhslcbs@126.com
承印单位:河南地质彩色印刷厂
开本:850 mm×1 168 mm　1/32
印张:11.375
字数:290千字　印数:1—1 700
版次:2012年5月第1版　印次:2012年5月第1次印刷

定价:100.00元

水利部黄河水利委员会文件

黄建管［2012］150 号

关于发布《黄河防洪工程预算定额》的通知

委属有关单位、机关有关部门：

为了适应黄河水利工程造价管理工作的需要，合理确定和有效控制黄河防洪工程建设投资，提高投资效益，根据国家和水利部的有关规定，结合黄河防洪工程建设实际，黄河水利委员会水利工程建设造价经济定额站组织编制了《黄河防洪工程预算定额》和《黄河防洪建设金属结构设备安装工程预算定额》，现予以颁布，自 2012 年 7 月 1 日起执行。黄河水利委员会于 2004 年颁布的《黄河下游放淤（泵淤）工程预算定额》（试行）、2005 年颁布的《黄河下游放淤（船淤）工程预算定额》（试行）、2008 年颁布的《黄河防洪砌石工程预算定额》（试行）、2009 年颁布的《黄河防洪土方工程预算定额》（试行）、2010年颁布的《黄河防洪钻孔灌浆和其他工程预算定额》（试行）、2011年颁布的《黄河防洪建设混凝土工程预算定额》（试行）和2011年颁布的《黄河防洪建设机电设备安装工程预算定额》（试行）同时废止。

本定额与水利部颁布的《水利建筑工程预算定额》（2002）和《水利水电设备安装工程预算定额》（1999）配套使用（采用本定额编制概算时，应乘以概算调整系数），在试行过程中如有问题请及时函告黄河水利委员会水利工程建设造价经济定额站。

水利部黄河水利委员会

二〇一二年三月三十日

主题词：防洪工程　工程预算　定额　黄河　通知

抄　送：水利部规划计划司、建设与管理司、水利水电规划设计总院、水利建设经济定额站。

黄河水利委员会办公室　　2012年4月1日印制

主持单位 黄河水利委员会水利工程建设造价经济定额站

主编单位 河南黄河勘测设计研究院

审　　查 王震宇　杨明云

主　　编 刘家俊　王保民　李永芳　闫　民

副 主 编 马　乐　宋玉红　李永强　李建军　周　丰

编写组成员 刘家俊　王保民　李永芳　闫　民　马　乐　宋玉红　李永强　李建军　周　丰　王艳洲　刘　筠　韩红星　张　波　张　斌　李东阳　赵春霞　孙金萍　王笃波　沈建平　谢海燕　王纯峰　肖永波

前　言

2004年以来，黄河水利委员会颁布试行了一系列黄河防洪工程预算定额（以下简称委颁预算定额），并在黄河防洪工程建设中得到了广泛应用。委颁预算定额的颁布实施，为合理确定和有效控制黄河防洪工程建设投资，提高投资效益，起到了重要作用。

委颁预算定额的编制由黄河水利委员会水利工程建设造价经济定额站主持，主要包括：2004年颁布的《黄河下游放淤（泵淤）工程预算定额》（河南黄河勘测设计研究院主编）、2005年颁布的《黄河下游放淤（船淤）工程预算定额》（山东黄河勘测设计研究院主编）、2008年颁布的《黄河防洪砌石工程预算定额》（山东黄河勘测设计研究院主编）、2009年颁布的《黄河防洪土方工程预算定额》（黄河勘测规划设计有限公司主编）、2010年颁布的《黄河防洪钻孔灌浆工程预算定额》（黄河勘测规划设计有限公司主编）、2010年颁布的《黄河防洪其他工程预算定额》（黄河勘测规划设计有限公司主编）、2011年颁布的《黄河防洪建设混凝土工程预算定额》（黄河勘测规划设计有限公司主编）、2011年颁布的《黄河防洪建设机电设备安装工程预算定额》（黄河勘测规划设计有限公司主编）和2012年颁布的《黄河防洪建设金属结构设备安装工程预算定额》（黄河勘测规划设计有限公司主编）。

为进一步完善黄河防洪工程定额体系并方便使用，在上述委颁预算定额的基础上，黄河水利委员会水利工程建设造价经济定额站组织编制了《黄河防洪工程预算定额》。本定额是根据黄河防洪工程建设实际，对水利部颁布的《水利建筑工程预算定额》（2002）和《水利水电设备安装工程预算定额》（1999）的补充，与其配套使用。

总目录

第一篇　建筑工程预算定额

总　说　明

一、《黄河防洪建筑工程预算定额》（以下简称本定额）是根据黄河防洪工程建设实际，对水利部颁发的《水利建筑工程预算定额》（2002）的补充，章的编号与其一致，分为土方工程、砌石工程、混凝土工程、钻孔灌浆工程、放淤工程、其他工程共六章及附录。

二、本定额适用于黄河防洪工程，是编制工程预算的依据和编制工程概算的基础。可作为编制工程招标标底和投标报价的参考。

三、本定额不包括冬季、雨季和特殊地区气候影响施工的因素及增加的设施费用。

四、本定额按一日三班（砌石工程按一日两班）作业施工、每班八小时工作制拟定。部分工程项目采用一日一班或一日两班制的，定额不作调整。

五、本定额的“工作内容”仅扼要说明各章节的主要施工过程及工序。次要的施工过程及工序和必要的辅助工作所需的人工、材料、机械也已包括在定额内。

六、定额中人工、机械用量是指完成一个定额子目工作内容，所需的全部人工和机械。包括基本工作、准备与结束、辅助生产、不可避免的中断、必要的休息、工程检查、交接班、班内工作干扰、夜间施工工效影响、常用工具和机械的维修、保养、加油、加水等全部工作。

七、定额中人工是指完成该定额子目工作内容所需的人工耗用量。包括基本用工和辅助用工，并按其所需技术等级，分别列示出工长、高级工、中级工、初级工的工时及其合计数。

八、材料消耗定额（含其他材料费、零星材料费）是指完成一个定额子目工作内容所需要的全部材料耗用量。

1. 材料定额中，未列示品种、规格的，可根据设计选定的品种、规格计算，但定额数量不得调整。凡材料已列示了品种、规格的，编制预算单价时不予调整。

2. 材料定额中，凡一种材料名称之后，同时并列了几种不同型号规格的，如铅丝土袋笼定额中8#、10#铅丝，表示这种材料只能选用其中一种型号规格的定额进行计价。

3. 其他材料费和零星材料费，是指完成一个定额子目的工作内容，所必需的未列量材料费。如工作面内的脚手架、排架、操作平台等的摊销费，混凝土工程的养护用材料及其他用量较少的材料。

4. 材料从分仓库或相当于分仓库的材料堆放地至工作面的场内运输所需要的人工、机械及费用，已包括在各定额子目中。

九、机械台时定额（含其他机械费），是指完成一个定额子目工作内容所需的主要机械及次要辅助机械使用费。

1. 机械定额中，凡一种机械名称之后，同时并列几种型号规格的，如运输定额中的自卸汽车等，表示这种机械只能选用其中一种型号、规格的定额进行计价。

2. 其他机械费，是指完成一个定额子目工作内容所必需的次要机械使用费。

十、本定额中其他材料费、零星材料费、其他机械费，均以费率形式表示，其计算基数如下：

1. 其他材料费，以主要材料费之和为计算基数；

2. 零星材料费，以人工费、机械费之和为计算基数；

3. 其他机械费，以主要机械费之和为计算基数。

十一、定额用数字表示的适用范围

1. 只用一个数字表示的，仅适用于数字本身。当需要选用的定额介于两子目之间时，可用插入法计算。

2. 数字用上下限表示的，如 20～30，适用于大于 20、小于或等于 30 的数字范围。

十二、各章定额均按不含超挖超填量制定。

目 录

第一章 土方工程

第三章 砌石工程

第四章　混凝土工程

第七章　钻孔灌浆工程

第八章　放淤工程

第九章　其他工程

附　录

第一章

土方工程

说　明

一、本章包括 0.5 m^3 挖掘机挖土方，0.5 m^3 挖掘机挖装土自卸汽车运输，清坡，淤区围、格堤土方压实，淤区包边土方压实，淤区平整，土牛土方修筑，房台土方压实，堤顶边埂修筑，土工包土方，土袋土方，铅丝土袋笼，水力充沙长管袋，共 13 节。

二、本章定额的计量单位

土方开挖、土方运输、土牛土方修筑、堤顶边埂修筑，均按自然方计。

清坡、淤区平整，均按面积计。

淤区围、格堤土方压实，淤区包边土方压实，房台土方压实，均按实方计。

土工包土方、土袋土方、铅丝土袋笼、水力充沙长管袋，均按成品方计。

三、本章定额的名称

自然方：指未经扰动的自然状态的土方。

实方：指填筑（回填）并经过压实后的成品方。

四、本章定额中土类级别划分见附录 1 和附录 2。

一 -1　0.5 m^3 挖掘机挖土方

工作内容：挖松、堆放。

单位：100 m^3

项　目	单位	土类级别		
		Ⅰ~Ⅱ	Ⅲ	Ⅳ
工　　长	工时			
高 级 工	工时			
中 级 工	工时			
初 级 工	工时	4.8	4.8	4.8
合　　计	工时	4.8	4.8	4.8
零星材料费	%	5	5	5
挖 掘 机　0.5 m^3	台时	1.30	1.42	1.55
编　　号		HF1001	HF1002	HF1003

一－2　0.5 m³挖掘机挖装土自卸汽车运输

工作内容：挖装、运输、卸除、空回。

(1) Ⅰ～Ⅱ类土

单位：100 m³

项目		单位	运距（km）						增运 1 km
			≤0.5	1	2	3	4	5	
工长		工时							
高级工		工时							
中级工		工时							
初级工		工时	9.5	9.5	9.5	9.5	9.5	9.5	
合计		工时	9.5	9.5	9.5	9.5	9.5	9.5	
零星材料费		%	4	4	4	4	4	4	
挖掘机	0.5 m³	台时	1.36	1.36	1.36	1.36	1.36	1.36	
推土机	59 kW	台时	0.67	0.67	0.67	0.67	0.67	0.67	
自卸汽车	3.5 t	台时	10.79	13.95	18.30	22.43	26.41	30.29	3.40
	5.0 t	台时	7.97	9.92	12.69	15.30	17.78	20.18	2.12
编号			HF1004	HF1005	HF1006	HF1007	HF1008	HF1009	HF1010

注：如挖装松土时，其中人工及挖装机械乘以0.85系数。

（2）Ⅲ类土

单位：100 m^3

项目		单位	运距（km）						增运
			≤0.5	1	2	3	4	5	1 km
工长		工时							
高级工		工时							
中级工		工时							
初级工		工时	10.4	10.4	10.4	10.4	10.4	10.4	
合计		工时	10.4	10.4	10.4	10.4	10.4	10.4	
零星材料费		%	4	4	4	4	4	4	
挖掘机	0.5 m^3	台时	1.49	1.49	1.49	1.49	1.49	1.49	
推土机	59 kW	台时	0.74	0.74	0.74	0.74	0.74	0.74	
自卸汽车	3.5 t	台时	11.86	15.33	20.11	24.65	29.03	33.29	3.74
	5.0 t	台时	8.76	10.90	13.95	16.81	19.54	22.18	2.33
编号			HF1011	HF1012	HF1013	HF1014	HF1015	HF1016	HF1017

注：如挖装松土时，其中人工及挖装机械乘以0.85系数。

（3）Ⅳ类土

单位：100 m^3

项目		单位	运距（km）						增运
			≤0.5	1	2	3	4	5	1 km
工长		工时							
高级工		工时							
中级工		工时							
初级工		工时	11.3	11.3	11.3	11.3	11.3	11.3	
合计		工时	11.3	11.3	11.3	11.3	11.3	11.3	
零星材料费		%	4	4	4	4	4	4	
挖掘机	0.5 m^3	台时	1.62	1.62	1.62	1.62	1.62	1.62	
推土机	59 kW	台时	0.81	0.81	0.81	0.81	0.81	0.81	
自卸汽车	3.5 t	台时	12.93	16.71	21.92	26.87	31.64	36.29	4.08
	5.0 t	台时	9.55	11.88	15.21	18.32	21.30	24.17	2.54
编号			HF1018	HF1019	HF1020	HF1021	HF1022	HF1023	HF1024

注：如挖装松土时，其中人工及挖装机械乘以0.85系数。

一-3 清坡

适用范围：坡度1∶2.5～1∶3。

工作内容：推松、运送、空回。

(1) 74 kW 推土机

单位：100 m^2

项目			单位	推运距离（m）				
				≤20	20～30	30～40	40～50	50～60
工长			工时					
高级工			工时					
中级工			工时					
初级工			工时	0.16	0.21	0.26	0.31	0.36
合计			工时	0.16	0.21	0.26	0.31	0.36
零星材料费			%	10	10	10	10	10
土类级别	Ⅰ～Ⅱ	推土机	台时	0.11	0.15	0.19	0.22	0.26
	Ⅲ		台时	0.12	0.16	0.20	0.25	0.29
	Ⅳ		台时	0.14	0.18	0.22	0.27	0.32
编号				HF1025	HF1026	HF1027	HF1028	HF1029

注：本节定额按推至坡脚拟定，不含外运。

（2）88 kW 推土机

单位：100 m^2

项目			单位	推运距离（m）				
				≤20	20～30	30～40	40～50	50～60
工长			工时					
高级工			工时					
中级工			工时					
初级工			工时	0.14	0.18	0.23	0.28	0.33
合计			工时	0.14	0.18	0.23	0.28	0.33
零星材料费			%	10	10	10	10	10
土类级别	Ⅰ～Ⅱ	推土机	台时	0.10	0.13	0.17	0.20	0.24
	Ⅲ		台时	0.11	0.15	0.18	0.22	0.26
	Ⅳ		台时	0.12	0.16	0.20	0.24	0.28
编号				HF1030	HF1031	HF1032	HF1033	HF1034

注：本节定额按推至坡脚拟定，不含外运。

一-4　淤区围、格堤土方压实

适用范围：放淤工程。

工作内容：压实、其他等。

单位：100 m^3 实方

项　　目	单位	干密度（kN/m^3）
		≤14.70
工　　长	工时	
高 级 工	工时	
中 级 工	工时	
初 级 工	工时	6.8
合　　计	工时	6.8
零星材料费	%	3
拖 拉 机　74 kW	台时	1.11
推 土 机　74 kW	台时	0.50
其他机械费	%	1
编　　号		HF1035

一－5　淤区包边土方压实

适用范围：放淤工程，Ⅲ类土。

工作内容：平土、压实、削坡等。

单位：100 m^3 实方

项　目	单位	干密度（kN/m^3）
		≤15.68
工　长	工时	1.3
高 级 工	工时	
中 级 工	工时	
初 级 工	工时	40.4
合　计	工时	41.7
零星材料费	%	9
小型振动碾　1.8 t	台时	4.76
编　号		HF1036

一-6 淤区平整

适用范围：放淤工程。

工作内容：淤区顶面整平、辅助工作。

单位：100 m^2

项目	单位	推土机		
		74 kW	88 kW	103 kW
工长	工时			
高级工	工时			
中级工	工时			
初级工	工时	0.70	0.64	0.56
合计	工时	0.70	0.64	0.56
零星材料费	%	10	10	10
推土机 74 kW	台时	0.52		
88 kW	台时		0.47	
103 kW	台时			0.40
编号		HF1037	HF1038	HF1039

一-7　土牛土方修筑

适用范围：堤防工程。

工作内容：平土、挂线修整、拍实、修边。

单位：100 m^3

项　　目	单位	数量
工　　长	工时	1.2
高　级　工	工时	
中　级　工	工时	
初　级　工	工时	37.2
合　　计	工时	38.4
零星材料费	%	1
编　　号		HF1040

一-8 房台土方压实

适用范围：工程管理用房。

工作内容：推平、洒水、压实、补边夯、削坡、辅助工作。

单位：100 m³ 实方

项目	单位	干密度（kN/m³）≤15.68
工长	工时	
高级工	工时	
中级工	工时	
初级工	工时	25.1
合计	工时	25.1
零星材料费	%	10
推土机 74 kW	台时	0.50
拖拉机 74 kW	台时	1.62
小型振动碾 1.8 t	台时	0.47
编号		HF1041

一-9 堤顶边埂修筑

适用范围：堤顶边埂、淤区顶部格堤。

工作内容：平土、挂线修整、拍实、修边。

单位：100 m^3

项　　目	单位	数量
工　　长	工时	3.0
高 级 工	工时	
中 级 工	工时	
初 级 工	工时	146.7
合　　计	工时	149.7
零星材料费	%	1
编　　号		HF1042

一-10 土工包土方

适用范围：河道整治工程。

工作内容：制包、装载机装土、封口、推土机抛填。

单位：100 m^3 成品方

项目	单位	长×宽×高：3.5 m×2.5 m×1.2 m
工长	工时	1.6
高级工	工时	
中级工	工时	
初级工	工时	76.6
合计	工时	78.2
土料	m^3	118
土工布	m^2	533
其他材料费	%	10
装载机 3 m^3	台时	0.87
推土机 88 kW	台时	0.58
其他机械费	%	1
编号		HF1043

一-11 土袋土方

工作内容：人工装土、封包、装车、抛填。

单位：100 m^3 成品方

项　　目	单位	数量
工　　长	工时	16.8
高 级 工	工时	
中 级 工	工时	
初 级 工	工时	822.3
合　　计	工时	839.1
土　　料	m^3	118
编 织 袋　50 cm×85 cm	个	3300
其他材料费	%	1
机动翻斗车　1 t	台时	18.28
编　　号		HF1044

注：机动翻斗车运距 100 m 以内。

一-12　铅丝土袋笼

工作内容：编织袋装土、封包、编铅丝网、铺网、土袋装笼、封口。

单位：100 m^3 成品方

项　　目	单位	网格尺寸：20 cm×20 cm	
		1 m^3 铅丝笼 (1 m×1 m×1 m)	2 m^3 铅丝笼 (1 m×1 m×2 m)
工　　长	工时	30.8	30.2
高 级 工	工时		
中 级 工	工时	205.2	201.6
初 级 工	工时	790.0	776.2
合　　计	工时	1026.0	1008.0
土　　料	m^3	118	118
编 织 袋 50 cm×85 cm	个	3300	3300
铅　　丝 8#	kg	610	507
10#	kg	467	389
其他材料费	%	1	1
编　　号		HF1045	HF1046

一-13　水力充沙长管袋

适用范围：水中进占，流速≤1.0 m/s。

工作内容：固定船只、长管袋铺设、水力冲挖机组开工展布、水力冲挖、长管袋充填、封袋、作业面转移、收工集合等。

（1）水深≤1.2 m

Ⅰ类土

单位：100 m^3 成品方

项目	单位	排泥管线长度（m）					
		50～100	100～200	200～300	300～400	400～500	500～600
工长	工时	3.70	3.70	3.71	3.71	3.72	3.72
高级工	工时						
中级工	工时	18.50	18.52	18.56	18.57	18.58	18.58
初级工	工时	162.78	162.99	163.35	163.41	163.48	163.54
合计	工时	184.98	185.21	185.62	185.69	185.78	185.84

续表

项目	单位	排泥管线长度（m）					
		50 ~ 100	100 ~ 200	200 ~ 300	300 ~ 400	400 ~ 500	500 ~ 600
土工布	m^2	770	770	770	770	770	770
其他材料费	%	5	5	5	5	5	5
高压水泵 15 kW	台时	6.05	7.48	9.41	11.68	13.86	14.78
水枪 Φ65 mm 2 支	组时	6.05	7.48	9.41	11.68	13.86	14.78
泥浆泵 15 kW	台时	6.05	7.48	9.41	11.68	13.86	14.78
排泥管 Φ100 mm	百米时	6.05	12.10	18.14	24.19	30.24	36.29
机动船 25 kW	艘时	18.14	22.43	28.22	35.03	41.58	44.35
其他机械费	%	2	2	2	2	2	2
编号		HF1047	HF1048	HF1049	HF1050	HF1051	HF1052

Ⅱ类土

单位：100 m^3 成品方

项目	单位	排泥管线长度（m）					
		50～100	100～200	200～300	300～400	400～500	500～600
工长	工时	4.77	4.78	4.79	4.79	4.79	4.79
高级工	工时						
中级工	工时	23.86	23.89	23.95	23.95	23.96	23.97
初级工	工时	209.99	210.26	210.72	210.80	210.89	210.97
合计	工时	238.62	238.93	239.46	239.54	239.64	239.73
土工布	m^2	770	770	770	770	770	770
其他材料费	%	5	5	5	5	5	5
高压水泵 15 kW	台时	7.80	9.64	12.14	15.06	17.88	19.07
水枪 Φ65 mm 2 支	组时	7.80	9.64	12.14	15.06	17.88	19.07
泥浆泵 15 kW	台时	7.80	9.64	12.14	15.06	17.88	19.07
排泥管 Φ100 mm	百米时	7.80	15.60	23.41	31.21	39.01	46.81
机动船 25 kW	艘时	23.41	28.93	36.41	45.19	53.64	57.21
其他机械费	%	2	2	2	2	2	2
编号		HF1053	HF1054	HF1055	HF1056	HF1057	HF1058

（2）水深 1.2 ~ 2.0 m

Ⅰ类土

单位：100 m^3 成品方

项目	单位	排泥管线长度（m）					
		50 ~ 100	100 ~ 200	200 ~ 300	300 ~ 400	400 ~ 500	500 ~ 600
工长	工时	4.11	4.12	4.12	4.13	4.13	4.13
高级工	工时						
中级工	工时	20.55	20.58	20.62	20.63	20.64	20.65
初级工	工时	180.87	181.10	181.50	181.57	181.64	181.72
合计	工时	205.53	205.80	206.24	206.33	206.41	206.50
土工布	m^2	770	770	770	770	770	770
其他材料费	%	5	5	5	5	5	5
高压水泵 15 kW	台时	6.05	7.48	9.41	11.68	13.86	14.78
水枪 Φ65 mm 2 支	组时	6.05	7.48	9.41	11.68	13.86	14.78
泥浆泵 15 kW	台时	6.05	7.48	9.41	11.68	13.86	14.78
排泥管 Φ100 mm	百米时	6.05	12.10	18.14	24.19	30.24	36.29
机动船 25 kW	艘时	30.24	37.38	47.04	58.38	69.30	73.92
其他机械费	%	2	2	2	2	2	2
编号		HF1059	HF1060	HF1061	HF1062	HF1063	HF1064

Ⅱ类土

单位：100 m^3 成品方

项目	单位	排泥管线长度（m）					
		50～100	100～200	200～300	300～400	400～500	500～600
工长	工时	5.30	5.31	5.32	5.32	5.33	5.33
高级工	工时						
中级工	工时	26.51	26.55	26.61	26.62	26.63	26.64
初级工	工时	233.32	233.62	234.13	234.23	234.32	234.41
合计	工时	265.13	265.48	266.06	266.17	266.28	266.38
土工布	m^2	770	770	770	770	770	770
其他材料费	%	5	5	5	5	5	5
高压水泵 15 kW	台时	7.80	9.64	12.14	15.06	17.88	19.07
水枪 Φ65 mm 2 支	组时	7.80	9.64	12.14	15.06	17.88	19.07
泥浆泵 15 kW	台时	7.80	9.64	12.14	15.06	17.88	19.07
排泥管 Φ100 mm	百米时	7.80	15.60	23.41	31.21	39.01	46.81
机动船 25 kW	艘时	39.01	48.22	60.68	75.31	89.40	95.36
其他机械费	%	2	2	2	2	2	2
编号		HF1065	HF1066	HF1067	HF1068	HF1069	HF1070

第三章

砌石工程

说 明

一、本章包括人工抛石护根护坡、人工配合机械抛石护根、机械抛石护坡、机械抛石进占、乱石平整、干填腹石、装抛铅丝石笼、装铅丝石笼、柳石枕、柳石搂厢进占、浆砌石封顶、浆砌混凝土预制块、1 m^3 挖掘机装自卸汽车倒运备防石、1 m^3 装载机装自卸汽车倒运备防石、备防石码方，共15节。

二、本章定额的计量单位除注明外，均按“成品方”计算，“抛投方”相当于“堆方”。

三、本章定额中石料计量单位：砂为堆方，块石为码方。

三-1 人工抛石护根护坡

工作内容：人工抛石护根（险工）：安拆抛石排、人工装、运、卸、抛投（包括二次抛投）、填塞。

人工抛石护坡（包括控导护根）：人工装、运、卸、抛投、填塞。

单位：100 m^3 抛投方

项目	单位	险工工程		控导工程
		人工抛石护根	人工抛石护坡	人工抛石护根、护坡
工长	工时	5.5	4.0	4.4
高级工	工时			
中级工	工时	27.8		
初级工	工时	244.6	196.1	215.7
合计	工时	277.9	200.1	220.1
块石	m^3	103	103	103
其他材料费	%	2	1	1
胶轮车	台时	48.57	48.57	48.57
编号		HF3001	HF3002	HF3003

三－2　人工配合机械抛石护根

适用范围：险工工程。

工作内容：安拆抛石排、运石、抛投（包括人工二次抛投）。

单位：100 m^3 抛投方

项　　目	单位	挖掘机	装载机
工　　长	工时	2.2	2.2
高 级 工	工时		
中 级 工	工时	11.0	11.0
初 级 工	工时	96.9	96.9
合　　计	工时	110.1	110.1
块　　石	m^3	103	103
其他材料费	%	2	2
挖 掘 机　1 m^3	台时	1.30	
装 载 机　3 m^3	台时		0.91
编　　号		HF3004	HF3005

三－3　机械抛石护坡

适用范围：险工、控导工程。

工作内容：装、运、抛投、空回。

单位：100 m^3 抛投方

项　　目	单位	挖掘机	装载机
工　　长	工时		
高　级　工	工时		
中　级　工	工时		
初　级　工	工时	3.2	3.2
合　　计	工时	3.2	3.2
块　　石	m^3	103	103
其他材料费	%	1	1
挖　掘　机　1 m^3	台时	1.30	
装　载　机　3 m^3	台时		0.91
编　　号		HF3006	HF3007

三-4 机械抛石进占

适用范围：水中进占坝体施工。

工作内容：装、运、卸、空回，抛投。

(1) 1 m^3 挖掘机装自卸汽车运输

单位：100 m^3 抛投方

项　　目		单位	运距（m）		
			200	300	400
工　　长		工时			
高 级 工		工时			
中 级 工		工时			
初 级 工		工时	8.6	8.6	8.6
合　　计		工时	8.6	8.6	8.6
块　　石		m^3	103	103	103
其他材料费		%	1	1	1
挖 掘 机	1 m^3	台时	2.90	2.90	2.90
自卸汽车	8 t	台时	4.06	4.70	5.32
	10 t	台时	3.70	4.28	4.85
	12 t	台时	3.35	3.88	4.40
	15 t	台时	2.77	3.20	3.63
编　　号			HF3008	HF3009	HF3010

(2) 1 m^3 装载机装自卸汽车运输

单位：100 m^3 抛投方

项目		单位	运距（m）		
			200	300	400
工长		工时			
高级工		工时			
中级工		工时			
初级工		工时	10.8	10.8	10.8
合计		工时	10.8	10.8	10.8
块石		m^3	103	103	103
其他材料费		%	1	1	1
挖掘机	1 m^3	台时	1.55	1.55	1.55
装载机	1 m^3	台时	2.03	2.03	2.03
推土机	88 kW	台时	1.02	1.02	1.02
自卸汽车	8 t	台时	4.74	5.38	6.00
	10 t	台时	4.38	4.96	5.53
	12 t	台时	4.03	4.56	5.08
	15 t	台时	3.45	3.88	4.31
编号			HF3011	HF3012	HF3013

三-5 乱石平整

适用范围：抛石护坡、护根（水上部分）表面平整。

工作内容：人工：拣平、插严、填实。

机械：整平。

单位：100 m^2

项　　目	单位	人工	机械
工　　长	工时	0.8	
高 级 工	工时		
中 级 工	工时		
初 级 工	工时	41.6	4.0
合　　计	工时	42.4	4.0
挖 掘 机　1 m^3	台时		0.56
编　　号		HF3014	HF3015

三－6　干填腹石

适用范围：险工、控导坦石。

工作内容：填石、插严。

单位：100 m^3 砌体方

项　　目	单位	挖掘机	装载机
工　　长	工时	5.4	5.4
高　级　工	工时		
中　级　工	工时	83.2	83.2
初　级　工	工时	179.7	179.7
合　　计	工时	268.3	268.3
块　　石	m^3	105	105
其他材料费	%	1	1
挖　掘　机　1 m^3	台时	1.32	
装　载　机　3 m^3	台时		0.92
编　　号		HF3016	HF3017

注：挖掘机或装载机运石料至工作面。

三－7 装抛铅丝石笼

（1）人工编铅丝网片

适用范围：险工、控导工程。

工作内容：平整场地、截丝、放样钉桩、穿丝、编铅丝网片、铺设垫桩或抛笼架、运石、装笼、封口、抛笼。

单位：100 m^3

项目	单位	网格尺寸：15 cm×15 cm			
		1 m^3 铅丝笼（1 m×1 m×1 m）		2 m^3 铅丝笼（1 m×1 m×2 m）	
		8#＋12#铅丝	10#铅丝	8#＋12#铅丝	10#铅丝
工长	工时	4.8	4.8	4.5	4.5
高级工	工时				
中级工	工时	143.6	143.6	132.4	132.4
初级工	工时	89.1	89.1	89.1	89.1
合计	工时	237.5	237.5	226.0	226.0
块石	m^3	108	108	108	108
铅丝 8#	kg	245		204	
10#	kg		654		545
12#	kg	299		249	
其他材料费	%	1	1	1	1
挖掘机 1 m^3	台时	1.36	1.36	1.36	1.36
编号		HF3018	HF3019	HF3020	HF3021

注：挖掘机运石料。

（2）机械编铅丝网片

适用范围：险工、控导工程。

工作内容：编铅丝网片、铺设垫桩或抛笼架、运石、装笼、封口、抛笼。

单位：100 m^3

项目	单位	网格尺寸：15 cm×15 cm	
		1 m^3 铅丝笼（1 m×1 m×1 m）	2 m^3 铅丝笼（1 m×1 m×2 m）
工长	工时	3.4	3.4
高级工	工时		
中级工	工时	75.7	75.7
初级工	工时	89.1	89.1
合计	工时	168.2	168.2
块石	m^3	108	108
铅丝 10#	kg	654	545
其他材料费	%	1	1
挖掘机 1 m^3	台时	1.36	1.36
铅丝笼网片编织机 22 kW	台时	1.02	0.65
编号		HF3022	HF3023

注：挖掘机运石料。

三 -8　装铅丝石笼

适用范围：险工、控导工程旱地铅丝笼护根。

工作内容：人工编铅丝网片：平整场地、截丝、放样钉桩、穿丝、编铅丝网片，运石、装笼、石料排整、封笼。

机械编铅丝网片：编铅丝网片，运石、装笼、石料排整、封笼。

单位：100 m^3

项目		单位	网格尺寸：15 cm×15 cm		
			2 m^3 铅丝笼（1 m×1 m×2 m）		
			人工编铅丝网片		机械编铅丝网片
			8# +12#铅丝	10#铅丝	10#铅丝
工长		工时	6.8	6.8	5.7
高级工		工时			
中级工		工时	183.9	183.9	127.2
初级工		工时	149.8	149.8	149.8
合计		工时	340.5	340.5	282.7
块石		m^3	108	108	108
铅丝	8#	kg	204		
	10#	kg		545	545
	12#	kg	249		
其他材料费		%	0.5	0.5	0.5
挖掘机	1 m^3	台时	1.36	1.36	1.36
铅丝笼网片编织机	22 kW	台时			0.65
编号			HF3024	HF3025	HF3026

注：挖掘机运石料。

三-9 柳石枕

适用范围：捆抛柳石枕：水中进占坝体施工。

捆柳石枕：旱坝根石固脚施工。

工作内容：平整场地、铺垫木桩、截铅丝、运料、铺柳料、摆石、盖柳料、捆枕、抛枕。

单位：100 m^3

项目	单位	捆抛柳石枕	捆柳石枕
工长	工时	6.3	6.3
高级工	工时	22.1	18.8
中级工	工时	44.1	37.5
初级工	工时	242.5	242.5
合计	工时	315.0	305.1
块石	m^3	30	30
铅丝 8#	kg	132	132
柳料	kg	12600	12600
木桩	根	10	10
麻绳	kg	100	100
其他材料费	%	1	1
装载机 3 m^3	台时	2.81	2.81
编号		HF3027	HF3028

注：柳料和块石的场内运输为100 m以内。

三－10　柳石搂厢进占

适用范围：水中进占坝体施工。

工作内容：打桩、捆厢船定位、铺底钩绳、运料、铺料、拴绳、搂绳，完成第一批，依次续修。

单位：100 m^3

项　　目	单位	数量
工　　长	工时	6.5
高 级 工	工时	20.1
中 级 工	工时	37.6
初 级 工	工时	259.7
合　　计	工时	323.9
块　　石	m^3	25
铅　　丝　8#	kg	50
柳　　料	kg	14400
木　　桩	根	20
麻　　绳	kg	225
其他材料费	%	1
装 载 机　3 m^3	台时	2.34
机 动 船　11 kW	艘时	2.94
编　　号		HF3029

注：柳料和块石的场内运输为 100 m 以内。

三－11　浆砌石封顶

工作内容：选石、修石、冲洗、运输、拌制砂浆、坐浆、砌筑、勾缝。

单位：100 m^3

项　　目	单位	数量
工　　长	工时	17. 7
高 级 工	工时	
中 级 工	工时	362. 1
初 级 工	工时	503. 5
合　　计	工时	883. 3
块　　石	m^3	108
砂　　浆	m^3	34. 4
其他材料费	%	0. 5
胶 轮 车	台时	156. 49
编　　号		HF3030

三－12 浆砌混凝土预制块

适用范围：护坡护底。

工作内容：冲洗、拌浆、场内运输、砌筑、勾缝。

单位：100 m^3

项目	单位	护坡		护底
		平面	曲面	
工长	工时	13.5	15.3	11.9
高级工	工时			
中级工	工时	258.9	294.4	228.4
初级工	工时	399.6	454.5	352.6
合计	工时	672.0	764.2	592.9
混凝土预制块	m^3	92	92	92
砂浆	m^3	16.00	16.00	16.00
其他材料费	%	0.5	0.5	0.5
砂浆搅拌机	台时	2.88	2.88	2.88
胶轮车	台时	121.47	121.47	121.47
编号		HF3031	HF3032	HF3033

三－13　1 m³挖掘机装自卸汽车倒运备防石

工作内容：装、运、卸、堆存、运回。

单位：100 m³ 成品码方

项目		单位	运距（m）			
			200	300	400	500
工长		工时				
高级工		工时				
中级工		工时				
初级工		工时	18.1	18.1	18.1	18.1
合计		工时	18.1	18.1	18.1	18.1
零星材料费		%	2	2	2	2
挖掘机	1 m³	台时	2.76	2.76	2.76	2.76
自卸汽车	8 t	台时	8.29	9.59	10.85	12.18
	10 t	台时	7.55	8.73	9.90	11.10
	12 t	台时	6.84	7.92	8.89	10.06
	15 t	台时	5.66	6.53	7.41	8.31
编号			HF3034	HF3035	HF3036	HF3037

三－14　1 m³装载机装自卸汽车倒运备防石

工作内容：装、运、卸、堆存、运回。

单位：100 m³ 成品码方

项　　目		单位	运距（m）			
			200	300	400	500
工　　长		工时				
高 级 工		工时				
中 级 工		工时				
初 级 工		工时	22.7	22.7	22.7	22.7
合　　计		工时	22.7	22.7	22.7	22.7
零星材料费		%	2	2	2	2
装 载 机	1 m³	台时	4.26	4.26	4.26	4.26
推 土 机	88 kW	台时	2.08	2.08	2.08	2.08
自卸汽车	8 t	台时	9.67	10.98	12.24	13.56
	10 t	台时	8.94	10.12	11.28	12.48
	12 t	台时	8.22	9.30	10.36	11.44
	15 t	台时	7.04	7.92	8.79	9.69
编　　号			HF3038	HF3039	HF3040	HF3041

三 -15　备防石码方

工作内容：备防石码方：分垛、码方、顶面排整。

抹边、抹角：拌制砂浆、抹平、抹边、抹角。

项　　目	单位	备防石码方 （100 m^3 成品码方）	抹边、抹角 （100 m^2）
工　　长	工时	6.3	3.6
高 级 工	工时		
中 级 工	工时	126.5	80.4
初 级 工	工时	183.4	98.7
合　　计	工时	316.2	182.7
砂　　浆	m^3		5.83
零星材料费	%	2	
编　　号		HF3042	HF3043

第四章

混凝土工程

说　明

一、本章包括涵洞、桥板、桥面铺装、盖梁、耳背墙、桥头搭板、封顶板、预制混凝土闸门、预制安装混凝土梁、预制安装混凝土板、预制混凝土块、预制安装混凝土栏杆、支座安装、汽车起重机吊运混凝土、涵洞表面止水、聚硫密封胶填缝、混凝土表面环氧砂浆补强、伸缩缝，共18节。

二、本章定额的计量单位除注明者外，均为建筑物或构筑物的成品实体方。

三、现浇混凝土定额不含模板的制作、安装、拆除、修整。

四、预制混凝土定额中的模板材料均按预算消耗量计算，包括制作（钢模为组装）、安装、拆除、维修的消耗、损耗，并考虑了周转和回收。

五、材料定额中的“混凝土”一项，系指完成单位产品所需的混凝土半成品量，其中包括：冲（凿）毛、干缩、施工损耗、运输损耗和接缝砂浆等的消耗量在内。混凝土半成品的单价，只计算配制混凝土所需的水泥、砂石骨料、水、掺和料及外加剂等的用量及价格。各项材料的用量，应按试验资料计算；没有试验资料时，可采用水利部颁发的《水利建筑工程预算定额》（2002）附录中的混凝土材料配合表列示量。

六、混凝土浇筑定额中，不包括加冰、骨料预冷、通水等温控所需的费用。

七、混凝土浇筑的仓面清洗及养护用水，地下工程混凝土浇筑的施工照明用电，已分别计入浇筑定额的用水量及其他材料费中。

八、预制混凝土构件吊（安）装定额，仅指吊（安）装过程中所需的人工、材料、机械使用量。制作和运输的费用，包括在预制混凝土构件的预算单价中，另按预制构件制作及运输定额计算。

四－1 涵 洞

适用范围：各种现浇涵洞。

工作内容：冲毛、清洗、浇筑、振捣、养护及工作面运输等。

单位：100 m^3

项目	单位	顶板衬砌厚度（cm）			
		30	40	50	60
工长	工时	17.5	14.7	12.5	10.9
高级工	工时	29.2	24.5	20.8	18.1
中级工	工时	320.1	269.5	229.4	199.8
初级工	工时	215.4	181.3	154.3	134.4
合计	工时	582.2	490.0	417.0	363.2
混凝土	m^3	103	103	103	103
水	m^3	75	65	55	45
其他材料费	%	0.5	0.5	0.5	0.5
振动器 1.1 kW	台时	50.98	43.26	35.60	28.00
风水枪	台时	36.43	27.52	21.39	17.99
其他机械费	%	10	10	10	10
混凝土拌制	m^3	103	103	103	103
混凝土运输	m^3	103	103	103	103
编号		HF4001	HF4002	HF4003	HF4004

四 -2 桥 板

适用范围：水闸工作桥。

工作内容：清洗、浇筑、振捣、养护及工作面运输等。

单位：100 m^3

项 目	单位	数量
工 长	工时	17.3
高 级 工	工时	57.6
中 级 工	工时	328.3
初 级 工	工时	172.8
合 计	工时	576.0
混 凝 土	m^3	103
水	m^3	150
其他材料费	%	2
振 动 器 1.1 kW	台时	39.13
风 水 枪	台时	2.00
其他机械费	%	20
混凝土拌制	m^3	103
混凝土运输	m^3	103
编 号		HF4005

四－3　桥面铺装

适用范围：桥梁。

工作内容：水泥混凝土：混凝土配料、拌和、运输、浇筑、振捣及养护等。

沥青混凝土：沥青及骨料加热、配料、拌和、运输、摊铺碾压等。

单位：100 m^3

项　　目	单位	水泥混凝土	沥青混凝土
工长	工时	42.2	18.6
高级工	工时		
中级工	工时	521.0	229.5
初级工	工时	844.8	372.3
合计	工时	1408.0	620.4
混凝土	m^3	103	
水泥	t		0.141
石油沥青	t		12.37
砂	m^3		47.56
矿粉	t		12.97
石屑	m^3		26.36
路面用碎石	m^3		73.01
水	m^3	150	
其他材料费	%	1	3

续表

项　　目		单位	水泥混凝土	沥青混凝土
轮胎装载机	1.0 m^3 以内	台时		9.60
内燃压路机	6~8 t	台时		10.88
内燃压路机	12~15 t	台时		10.24
搅拌机	0.4 m^3	台时	16.64	
振动器	平板式 2.2 kW	台时	35.56	
混凝土切缝机		台时	53.76	
沥青混凝土搅拌机	0.15 m^3	台时		43.75
机动翻斗车	1 t	台时	54.40	54.40
其他机械费		%	2	2
编　　号			HF4006	HF4007

注： 垫层混凝土套用部颁相关定额。

四－4 盖 梁

适用范围：桥梁。

工作内容：冲毛、清洗、浇筑、振捣、养护及工作面运输等。

单位：100 m^3

项　　目	单位	数量
工　　长	工时	26.4
高 级 工	工时	88.0
中 级 工	工时	501.6
初 级 工	工时	264.0
合　　计	工时	880.0
混 凝 土	m^3	103
水	m^3	120
其他材料费	%	2
振 动 器　1.1 kW	台时	35.60
风 水 枪	台时	7.44
其他机械费	%	10
混凝土拌制	m^3	103
混凝土运输	m^3	103
编　　号		HF4008

四-5 耳背墙

适用范围：桥梁。

工作内容：冲毛、清洗、浇筑、振捣、养护及工作面运输等。

单位：100 m^3

项　　目	单位	数量
工　　长	工时	33.1
高　级　工	工时	110.4
中　级　工	工时	629.3
初　级　工	工时	331.2
合　　计	工时	1104.0
混　凝　土	m^3	103
水	m^3	120
其他材料费	%	2
振　动　器　1.1 kW	台时	35.60
风　水　枪	台时	7.44
其他机械费	%	10
混凝土拌制	m^3	103
混凝土运输	m^3	103
编　　号		HF4009

四 –6　桥头搭板

适用范围：桥梁。

工作内容：清洗、浇筑、振捣、养护及工作面运输等。

单位：100 m^3

项　　目	单位	数量
工　　长	工时	24.4
高 级 工	工时	81.4
中 级 工	工时	464.2
初 级 工	工时	244.3
合　　计	工时	814.3
混 凝 土	m^3	103
水	m^3	120
其他材料费	%	2
振 动 器 1.1 kW	台时	44.50
风 水 枪	台时	9.30
其他机械费	%	10
混凝土拌制	m^3	103
混凝土运输	m^3	103
编　　号		HF4010

注：本定额也适用于桥头搭板与枕梁结构的枕梁。

四－7 封顶板

适用范围：护坡封顶。

工作内容：坦石顶部冲毛、清洗、浇筑、振捣、养护及工作面运输等。

单位：100 m^3

项　　目	单位	数量
工　　长	工时	21.2
高 级 工	工时	35.3
中 级 工	工时	282.7
初 级 工	工时	367.5
合　　计	工时	706.7
混 凝 土	m^3	103
水	m^3	120
其他材料费	%	2
振 动 器 1.1 kW	台时	44.50
风 水 枪	台时	14.92
其他机械费	%	10
混凝土拌制	m^3	103
混凝土运输	m^3	103
编　　号		HF4011

四－8 预制混凝土闸门

适用范围：水闸。

工作内容：模板的制作安装、拆除、修理，混凝土拌制、场内运输、浇筑、养护。

单位：100 m³

项目		单位	平板式			梁板式
			每扇闸门的体积（m³）			
			≤2	2～4	>4	
工长		工时	84.2	75.1	66.1	113.4
高级工		工时	273.6	244.0	214.8	368.4
中级工		工时	1052.4	938.6	826.2	1417.0
初级工		工时	694.6	619.5	545.3	935.2
合计		工时	2104.8	1877.2	1652.4	2834.0
锯材		m³				2.36
钢模板		kg	613.33	599.05	591.90	626.12
型钢		kg	288.62	281.90	278.54	294.32
卡扣件		kg	386.55	377.55	373.05	394.49
铁件		kg	1750.00	1725.00	1700.00	2400.00
电焊条		kg	21.60	20.88	20.03	29.32
混凝土		m³	102	102	102	102
水		m³	270	270	270	270
其他材料费		%	2	2	2	2
汽车起重机	5 t	台时	20.00	20.00	20.00	20.00
振动器	插入式 2.2 kW	台时	46.00	42.00	40.00	60.80
载重汽车	5 t	台时	1.44	1.44	1.44	1.44
电焊机	25 kVA	台时	24.47	24.10	23.84	33.53
其他机械费		%	15	15	15	15
混凝土拌制		m³	102	102	102	102
混凝土运输		m³	102	102	102	102
编号			HF4012	HF4013	HF4014	HF4015

四-9 预制安装混凝土梁

适用范围：水闸桥梁。

工作内容：预制：模板制作、安装、拆除、修理，混凝土拌制、场内运输、浇筑、养护、堆放。

安装：构件吊装、校正、固定、焊接，水泥砂浆拌制、运输、灌缝。

单位：100 m^3

项目		单位	预制		安装
			T形梁	矩形梁	
工长		工时	107.2	75.0	18.2
高级工		工时	348.4	243.9	200.6
中级工		工时	1340.0	938.0	389.2
初级工		工时	884.4	619.1	
合计		工时	2680.0	1876.0	608.0
水泥砂浆		m^3			0.2
锯材		m^3	0.53	0.18	0.06
钢模板		kg	1000.00	700.00	
钢筋		kg	20.00	14.00	
型钢		kg			150.00
钢板		kg	290.00	203.00	340.00
铁件		kg	132.00	46.20	
电焊条		kg	43.00	15.00	151.00
混凝土		m^3	102	102	
水		m^3	180	180	
其他材料费		%	2	2	2
混凝土搅拌机	0.4 m^3	台时	21.76	21.76	
振动器	1.1 kW	台时	48.60	44.00	
载重汽车	5 t	台时	1.42	1.42	
汽车起重机	10 t	台时	20.00	20.00	
	25 t	台时			45.44
胶轮车		台时	92.80	92.80	
电焊机	25 kVA	台时	66.56	23.30	41.60
其他机械费		%	15	15	1
编号			HF4016	HF4017	HF4018

四－10 预制安装混凝土板

适用范围：水闸桥梁。

工作内容：预制：模板制作、安装、拆除、修理，混凝土拌制、场内运输、浇筑、养护、堆放。

安装：构件吊装、校正、固定。

单位：100 m^3

项目		单位	预制		安装	
			矩形板	空心板	矩形板	空心板
工长		工时	83.2	112.3	20.5	16.9
高级工		工时	270.4	365.0	66.5	54.9
中级工		工时	1040.0	1404.0	256.0	211.2
初级工		工时	686.4	926.7	169.0	139.4
合计		工时	2080.0	2808.0	512.0	422.4
锯材		m^3	0.37	0.57		
组合钢模板		kg	150.00	190.00		
钢板		kg		150.00		
型钢		kg	120.00	110.00		
铁钉		kg		4.00		
铁件		kg	54.00	102.00		
混凝土		m^3	102	102		
水		m^3	180	180		
油毛毡		m^2			198.00	
其他材料费		%	2	2		
混凝土搅拌机	0.4 m^3	台时	21.76	21.76		
振动器	平板式 2.2 kW	台时	24.00	24.00		
载重汽车	5 t	台时	0.62	0.62		
汽车起重机	8 t	台时			71.04	
	20 t	台时				41.47
胶轮车		台时	92.80	92.80		
其他机械费		%	15	15		
编号			HF4019	HF4020	HF4021	HF4022

注：现浇企口混凝土及插缝砂浆套用桥面铺装定额。

四-11 预制混凝土块

适用范围：护坡、护底。

工作内容：模板制作、安装、拆除、修理，混凝土拌制、场内运输、浇筑、养护、堆放。

单位：100 m^3

项 目	单位	数量
工 长	工时	64.1
高 级 工	工时	208.4
中 级 工	工时	801.7
初 级 工	工时	529.1
合 计	工时	1603.3
组合钢模板	kg	74.16
铁 件	kg	13.99
混 凝 土	m^3	102
水	m^3	240
其他材料费	%	1
混凝土搅拌机 0.4 m^3	台时	18.36
振 动 器 1.1 kW	台时	44.00
载 重 汽 车 5 t	台时	1.00
胶 轮 车	台时	92.80
其他机械费	%	7
编 号		HF4023

注：用于排水的无砂混凝土块的配合比参考附录5。

四－12 预制安装混凝土栏杆

适用范围：桥梁。

工作内容：预制：模板制作、安装、拆除、修理，混凝土拌制、场内运输、浇筑、养护、堆放。

安装：构件整修、人工安装就位、砂浆或混凝土拌制、运输、灌缝等。

单位：100 m^3

项目		单位	预制	安装
工长		工时	208.9	30.7
高级工		工时	678.9	
中级工		工时	2611.2	583.7
初级工		工时	1723.4	921.6
合计		工时	5222.4	1536.0
锯材		m^3	0.85	
组合钢模板		kg	1300.00	
型钢		kg	140.00	
铁件		kg	479.00	
混凝土构件		m^3		(101)
水泥砂浆		m^3		9.20
油毛毡		m^2		240.00
石油沥青		t		1.80
煤		t		1.60
混凝土		m^3	102	
水		m^3	160	
其他材料费		%	2	0.5
混凝土搅拌机	0.4 m^3	台时	18.36	
振动器	1.1 kW	台时	44.00	
载重汽车	5 t	台时	1.04	
胶轮车		台时	92.80	
其他机械费		%	7	
编号			HF4024	HF4025

四－13　支座安装

适用范围：桥梁。

工作内容：预埋钢板、预埋钢筋、电焊、砂浆拌制、接触面抹平、支座安装。

单位：1 dm^3

项　　目	单位	板式橡胶支座	四氟板式橡胶支座
工　　长	工时	0.1	0.1
高　级　工	工时	0.5	0.5
中　级　工	工时	0.5	0.5
初　级　工	工时	0.5	0.5
合　　计	工时	1.6	1.6
钢　　筋	kg		1.00
钢　　板	kg		11.00
电　焊　条	kg		0.10
四氟板式橡胶支座	dm^3		1.00
板式橡胶支座	dm^3	1.00	
其他材料费	%	1	1
电　焊　机　25 kVA	台时		0.13
其他机械费	%		5
编　　号		HF4026	HF4027

四－14　汽车起重机吊运混凝土

工作内容：指挥、挂脱吊钩、吊运、卸料入仓或贮料斗，吊回混凝土罐、清洗。

单位：100 m^3

项　　目	单位	吊运高度（m）	
		≤10	>10
工　　长	工时		
高 级 工	工时		
中 级 工	工时	29.0	36.3
初 级 工	工时	14.5	18.1
合　　计	工时	43.5	54.4
零星材料费	%	10	10
汽车起重机　10 t	台时	6.70	8.38
混凝土吊罐　1 m^3	台时	6.70	8.38
编　　号		HF4028	HF4029

四－15　涵洞表面止水

工作内容：裁剪、铺展、混凝土面烘干、固定等。

单位：100 m

项　　目	单位	桥型橡皮	平板橡皮
工　　长	工时	9.7	46.3
高 级 工	工时	68.6	301.8
中 级 工	工时	58.8	287.5
初 级 工	工时	58.8	290.7
合　　计	工时	195.9	926.3
橡胶止水带	m	105	105
锯　　材	m^3		0.3
镀锌螺母　M16	个	2020	
预埋螺栓　Φ16 mm×330 mm	个	1010	
槽　　钢　[8	kg	1460.00	
扁　　钢　－47×5	kg	336.00	
环氧树脂	kg		65.92
甲　　苯	kg		9.95
二 丁 酯	kg		9.95
乙 二 胺	kg		5.84
沥　　青	kg		136.00
水	m^3		37.00
水　　泥	kg		0.309
砂	m^3		1.01
麻　　絮	kg		92.00
铅　　丝	kg		59.2
其他材料费	%	1	1
编　　号		HF4030	HF4031

四－16 聚硫密封胶填缝

工作内容：缝面清理、吹扫、拌料、填料、整平。

单位：1 m^3

项　　目	单位	数量
工　　长	工时	67.7
高 级 工	工时	474.0
中 级 工	工时	401.3
初 级 工	工时	401.3
合　　计	工时	1344.3
聚硫密封胶	kg	1650
灌 注 器	只	1.00
清 洗 剂	kg	16.67
铁　　钉	kg	16.67
其他材料费	%	1
胶 轮 车	台时	41.67
编　　号		HF4032

四－17 混凝土表面环氧砂浆补强

适用范围：混凝土表面的缺陷修补、补强与加固处理。

工作内容：修补面凿毛加糙、清洗，环氧砂浆配料，混凝土表面修补及养护。

单位：1 m^3

项　　目	单位	数量
工　　长	工时	4.3
高 级 工	工时	31.0
中 级 工	工时	26.7
初 级 工	工时	115.3
合　　计	工时	177.3
环氧树脂	kg	407.49
乙 二 胺	kg	44.83
二 丁 酯	kg	44.83
丙　　酮	kg	187.45
水　　泥	t	0.41
细　　砂	m^3	0.82
其他材料费	%	1
编　　号		HF4033

四－18　伸缩缝

工作内容：清洗缝面、裁剪、填料。

单位：100 m^2

项　　目		单位	数量
工　　长		工时	
高 级 工		工时	
中 级 工		工时	10.0
初 级 工		工时	10.0
合　　计		工时	20.0
填缝材料	聚乙烯泡沫板	m^2	102
	闭孔低发泡沫塑料板	m^2	102
其他材料费		%	0.5
编　　号			HF4034

第七章

钻孔灌浆工程

说 明

一、本章包括回旋钻造灌注桩孔、振冲防渗墙、锥探灌浆、堤防裂缝处理灌浆，共4节。

二、本章定额中的地层分类划分见附录3。

七 -1 回旋钻造灌注桩孔

工作内容：固壁泥浆制备，护筒埋设，钻机及管路安拆、定位、钻进，清孔，钻机转移，泥浆池沉渣清理等。

（1）孔深30 m以内，桩径0.8 m

单位：100 m

项目		单位	地层			
			砂壤土	黏土	砂砾	砾石
工长		工时	36.1	37.6	54.5	76.4
高级工		工时	144.5	150.2	217.9	305.7
中级工		工时	397.3	413.1	599.2	840.8
初级工		工时	144.5	150.2	217.9	305.7
合计		工时	722.4	751.1	1089.5	1528.6
锯材		m^3	0.08	0.08	0.08	0.08
钢护筒		t	0.08	0.08	0.08	0.08
电焊条		kg	0.80	1.60	2.40	4.00
铁件		kg	0.80	0.80	0.80	0.80
黏土		t	70.86	50.00	91.72	91.72
水		m^3	176.00	144.00	248.00	248.00
其他材料费		%	2	2	2	2
回旋钻机	Φ1500 mm以内	台时	107.52	119.04	195.84	307.84
挖掘机	1 m^3	台时	1.92	1.92	1.92	1.92
履带式起重机	15 t	台时	8.00	8.00	8.00	8.00
载重汽车	15 t	台时	8.80	8.80	8.80	8.80
电焊机	25 kVA	台时	0.64	1.92	2.40	3.20
泥浆搅拌机		台时	24.49	17.28	31.70	31.70
汽车起重机	5 t	台时	1.00	1.00	1.00	1.00
其他机械费		%	3	3	3	3
编号			HF7001	HF7002	HF7003	HF7004

注：1. 粉细砂、中粗砂适用砂壤土定额子目；

2. 砂砾：粒径2~20 mm的角砾、圆砾含量（指质量比，下同）小于或等于50%，包括礓石及粒状风化；

3. 砾石：粒径2~20 mm的角砾、圆砾含量大于50%，可包括粒径20~200 mm的碎石、卵石，其含量在10%以内，包括块状风化。

(2) 孔深30 m以内，桩径1 m

单位：100 m

项目		单位	地层			
			砂壤土	黏土	砂砾	砾石
工长		工时	40.1	41.7	60.5	84.9
高级工		工时	160.5	166.9	242.1	339.7
中级工		工时	441.4	459.0	665.8	934.2
初级工		工时	160.5	166.9	242.1	339.7
合计		工时	802.5	834.5	1210.5	1698.5
锯材		m^3	0.10	0.10	0.10	0.10
钢护筒		t	0.09	0.09	0.09	0.09
电焊条		kg	1.00	2.00	3.00	5.00
铁件		kg	1.00	1.00	1.00	1.00
黏土		t	88.58	62.50	114.65	114.65
水		m^3	220.00	180.00	310.00	310.00
其他材料费		%	2	2	2	2
回旋钻机	Φ1500 mm以内	台时	134.40	148.80	244.80	384.80
挖掘机	1 m^3	台时	2.40	2.40	2.40	2.40
履带式起重机	15 t	台时	8.00	8.00	8.00	8.00
载重汽车	15 t	台时	8.80	8.80	8.80	8.80
电焊机	25 kVA	台时	0.80	2.40	3.00	4.00
泥浆搅拌机		台时	30.61	21.60	39.62	39.62
汽车起重机	5 t	台时	1.18	1.18	1.18	1.18
其他机械费		%	3	3	3	3
编号			HF7005	HF7006	HF7007	HF7008

注：1. 粉细砂、中粗砂适用砂壤土定额子目；

2. 砂砾：粒径2~20 mm的角砾、圆砾含量（指质量比，下同）小于或等于50%，包括礓石及粒状风化；

3. 砾石：粒径2~20 mm的角砾、圆砾含量大于50%，可包括粒径20~200 mm的碎石、卵石，其含量在10%以内，包括块状风化。

七－2　振冲防渗墙

工作内容：开挖导槽，机具就位，浆液配制，振冲注浆，提升灌浆，管路冲洗，机具移位。

（1）孔深 30 m 以内，墙厚 15 cm

单位：100 m^2 阻水面积

项　目	单位	地层			
		黏土	砂壤土	粉细砂	中粗砂
工　　长	工时	21.0	23.0	27.0	37.0
高　级　工	工时	31.0	34.0	40.0	55.0
中　级　工	工时	62.0	68.0	82.0	110.0
初　级　工	工时	93.0	102.0	122.0	165.0
合　　计	工时	207.0	227.0	271.0	367.0
水　　泥	t	7.88	7.88	7.88	7.88
膨　润　土	t	1.42	1.42	1.42	1.42
砂	m^3	8.14	8.14	8.14	8.14
外　加　剂	kg	39.38	39.38	39.38	39.38
振　　管	m	1.20	1.32	1.58	2.13
切　　头	个	0.15	0.17	0.20	0.27
胶　　管	m	6.00	6.60	7.92	10.69
板　枋　材	m^3	0.11	0.12	0.14	0.19
水	m^3	75.00	75.00	75.00	75.00
其他材料费	%	5	5	5	5
振动切槽机	台时	16.88	18.57	22.28	30.04
灌　浆　泵　中（低）压砂浆	台时	16.88	18.57	22.28	30.04
高速搅拌机	台时	16.88	18.57	22.28	30.04
泥浆搅拌机	台时	16.88	18.57	22.28	30.04
载重汽车　5 t	台时	10.12	11.14	13.37	18.03
其他机械费	%	5	5	5	5
编　　号		HF7009	HF7010	HF7011	HF7012

注：水泥、膨润土、砂可根据设计配合比调整。

（2）孔深 30 m 以内，墙厚 20 cm

单位：100 m^2 阻水面积

项目	单位	地层			
		黏土	砂壤土	粉细砂	中粗砂
工长	工时	22.0	24.0	29.0	40.0
高级工	工时	33.0	36.0	43.0	58.0
中级工	工时	66.0	73.0	87.0	117.0
初级工	工时	99.0	109.0	130.0	176.0
合计	工时	220.0	242.0	289.0	391.0
水泥	t	10.50	10.50	10.50	10.50
膨润土	t	1.89	1.89	1.89	1.89
砂	m^3	10.85	10.85	10.85	10.85
外加剂	kg	52.50	52.50	52.50	52.50
振管	m	1.20	1.32	1.58	2.13
切头	个	0.15	0.17	0.20	0.27
胶管	m	6.00	6.60	7.92	10.69
板枋材	m^3	0.11	0.12	0.14	0.19
水	m^3	100.00	100.00	100.00	100.00
其他材料费	%	5	5	5	5
振动切槽机	台时	17.96	19.75	23.70	31.96
灌浆泵 中（低）压砂浆	台时	17.96	19.75	23.70	31.96
高速搅拌机	台时	17.96	19.75	23.70	31.96
泥浆搅拌机	台时	17.96	19.75	23.70	31.96
载重汽车 5 t	台时	10.77	11.85	14.22	19.18
其他机械费	%	5	5	5	5
编号		HF7013	HF7014	HF7015	HF7016

注：水泥、膨润土、砂可根据设计配合比调整。

七－3 锥探灌浆

适用范围：堤防工程。

工作内容：布孔、机具就位、锥孔，土料过筛、造浆、灌浆、封孔，转移。

单位：100 m

项目	单位	数量
工长	工时	2.3
高级工	工时	
中级工	工时	15.8
初级工	工时	27.0
合计	工时	45.1
黏土	t	3.78
胶管 Φ50 mm	m	0.37
水	m^3	2.54
其他材料费	%	5
打锥机	台时	0.80
灌浆泵 中（低）压砂浆	台时	3.00
泥浆搅拌机	台时	3.00
机动翻斗车 1 t	台时	2.20
其他机械费	%	10
编号		HF7017

注：本定额不包括堤顶硬化路面钻孔及路面恢复。

七－4　堤防裂缝处理灌浆

适用范围：平均缝宽≤5 cm 裂缝处理灌浆工程。

工作内容：布孔、机具就位、锥孔，土料过筛、造浆、灌浆、复灌、封孔，转移。

单位：100 m

项　　目	单位	数量
工　　长	工时	3.2
高 级 工	工时	
中 级 工	工时	19.1
初 级 工	工时	41.4
合　　计	工时	63.7
黏　　土	t	14.87
胶　　管　Φ50 mm	m	0.37
水	m^3	6.91
其他材料费	%	5
打 锥 机	台时	5.84
灌 浆 泵　中（低）压砂浆	台时	5.14
泥浆搅拌机	台时	5.14
机动翻斗车　1 t	台时	4.40
其他机械费	%	5
编　　号		HF7018

注：本定额不包括堤顶硬化路面钻孔及路面恢复。

第八章

放淤工程

说　明

一、本章包括 22 kW 水力冲挖机组、100 kW 组合泵、136 kW 组合泵、136 kW 冲吸式挖泥船、冲吸式挖泥船开工展布及收工集合，共 5 节。

二、本章定额的计量单位

水力冲挖机组、组合泵、挖泥船，均按陆上淤填方计。

三、水力冲挖机组的土类划分为Ⅰ～Ⅲ类，详见附录 2。

四、水力冲挖机组

1. 人工：指组织和从事冲挖、排泥管线及其他辅助设施的安拆、移设、检护等辅助工作的用工。

2. 本定额适用于基本排高 5 m，每增（减）1 m，排泥管长度相应增（减）25 m。

3. 排泥管线长度：指计算铺设长度，如计算排泥管线长度介于定额两子目之间，以插入法计算。

五、组合泵

1. 人工：指从事水力冲挖和修集浆池、巡视检修排泥管线等其他辅助工作的用工，不包括主排泥管线的安装、拆除、淤区围（格）堤填筑等用工。

2. 组合泵中的水力冲挖机组按基本排高 5 m，排泥管长度 200 m 拟定。

3. 排泥管线长度：指自集浆池至淤区中心的管线计算长度。如所需排泥管线长度介于定额两子目之间，以插入法计算。

4. 组合泵基本排高 6 m，每增（减）1 m，定额乘（除）以 1.02 系数。

六、挖泥船

1. 船淤工程土质分类：根据冲吸式挖泥船的施工特点，船淤工程土类划分为两类。

Ⅰ类土：砂土（黏粒含量0～3%），颗粒较粗，无凝聚性和可塑性，空隙大，易透水。

Ⅱ类土：砂壤土（黏粒含量3%～10%），土质松软，由砂与壤土组成，易成浆。

当黏粒含量大于10%时，本定额不适用。

2. 工况确定：本定额结合黄河防洪工程船淤施工生产情况，在开挖区、排放区整个作用范围内，由于水深、流速、漂浮物、障碍物、土中杂物、管道堵塞等因素，影响正常施工生产或增加施工难度的时间，定额中已综合考虑，一般不作调整。

3. 人工：指从事辅助工作的用工，如排泥管线的巡视、检修、维护和作业面的转移及管道移设等工作的用工，不包括岸管的安装、拆除及围堰修筑等用工。

4. 排高：指从河道水面起算，到地面最高处的总高度。本定额适用于基本排高10 m，排高每增（减）1 m，定额乘（除）以1.02系数，当排距小于或等于1 km时，排高减少按下式对定额进行调整：

若$\frac{L}{\Delta h} \geqslant 1$，则

$$A = A_0 \times 1.02^{\Delta h}$$

若$\frac{L}{\Delta h} < 1$，则

$$A = A_0 \div 1.02^{L}$$

式中：L为排距（单位取整百米）；A为调整后的定额；A_0为基本定额；Δh为排高减少值（单位以米计）。

5. 排泥管：包括水上浮筒管（含浮筒一组，钢管及胶套管

各一根，简称浮筒管）及陆上排泥管（简称岸管），分别按管径、组（根）时划分，详见定额表。

6. 排泥管线长度：指自挖沙区中心至淤区中心的浮筒管、岸管各管线水平投影长度之和。其中浮筒管长度结合黄河实际情况综合考虑，按 100 m 计入定额（已考虑受水流影响，与挖泥船、岸管连接而弯曲的长度），一般不作调整。岸管长度根据地形、地物影响据实计算。排泥管长度中的浮筒组时、岸管根时的数量已计入分项定额内，如所需排泥管线长度介于定额两子目之间，以插入法计算。

七、本章定额不含机械排水费用。

八、土方开挖工程中，用加压泵输送土方时，相应的人工工时、机械台时定额乘以 0.95 系数，零星材料费费率为 2%。

九、排泥管安装拆除定额采用水利部颁发的《水利建筑工程预算定额》（2002）“绞吸式挖泥船和吹泥船排泥管安装拆除”有关定额子目。

十、挖泥船每次进出场计一次“开工展布及收工集合”。

八 -1　22 kW 水力冲挖机组

工作内容：开工展布、水力冲挖、吸排泥、作业面转移及收工集合等。

（1）Ⅰ类土

单位：10000 m^3

项　目	单位	排泥管线长度（m）					
		≤50	100	150	200	250	300
工　长	工时						
高级工	工时						
中级工	工时	8.6	9.5	10.9	12.0	13.7	15.9
初级工	工时	77.4	85.3	98.1	107.8	122.9	142.8
合　计	工时	86.0	94.8	109.0	119.8	136.6	158.7
零星材料费	%	2	2	2	2	2	2
高压水泵　22 kW	台时	172.06	189.50	217.95	239.55	272.97	317.49
水　枪　Φ65 mm 2 支	组时	172.06	189.50	217.95	239.55	272.97	317.49
泥浆泵　22 kW	台时	172.06	189.50	217.95	239.55	272.97	317.49
排泥管　Φ150 mm	百米时	86.03	189.50	326.93	479.10	682.43	952.47
编　号		HF8001	HF8002	HF8003	HF8004	HF8005	HF8006

（2）Ⅱ类土

单位：10000 m^3

项目	单位	排泥管线长度（m）					
		≤50	100	150	200	250	300
工长	工时						
高级工	工时						
中级工	工时	11.0	12.1	14.0	15.3	17.5	20.3
初级工	工时	99.1	109.2	125.6	138.0	157.2	182.9
合计	工时	110.1	121.3	139.6	153.3	174.7	203.2
零星材料费	%	2	2	2	2	2	2
高压水泵 22 kW	台时	220.24	242.56	278.98	306.62	349.40	406.39
水枪 Φ65 mm 2 支	组时	220.24	242.56	278.98	306.62	349.40	406.39
泥浆泵 22 kW	台时	220.24	242.56	278.98	306.62	349.40	406.39
排泥管 Φ150 mm	百米时	110.12	242.56	418.47	613.24	873.50	1219.17
编号		HF8007	HF8008	HF8009	HF8010	HF8011	HF8012

（3）Ⅲ类土

单位：10000 m^3

项目	单位	排泥管线长度（m）					
		≤50	100	150	200	250	300
工长	工时						
高级工	工时						
中级工	工时	15. 2	16. 8	19. 3	21. 2	24. 2	28. 1
初级工	工时	137. 1	150. 9	173. 6	190. 8	217. 4	252. 9
合计	工时	152. 3	167. 7	192. 9	212. 0	241. 6	281. 0
零星材料费	%	2	2	2	2	2	2
高压水泵 22 kW	台时	304. 55	335. 42	385. 77	424. 00	483. 16	561. 96
水枪 Φ65 mm 2 支	组时	304. 55	335. 42	385. 77	424. 00	483. 16	561. 96
泥浆泵 22 kW	台时	304. 55	335. 42	385. 77	424. 00	483. 16	561. 96
排泥管 Φ150 mm	百米时	152. 28	335. 42	578. 66	848. 00	1207. 90	1685. 88
编号		HF8013	HF8014	HF8015	HF8016	HF8017	HF8018

八-2 100 kW组合泵

工作内容：水力冲挖机组开工展布、水力冲挖、吸排泥、作业面转移及收工集合；修集浆池、加压泥浆泵排泥、淤区内作业面移位等作业及其他各种辅助作业。

（1） Ⅰ类土

单位：10000 m^3

项目	单位	排泥管线长度（m）				
		≤600	700	800	900	1000
工长	工时	7.0	7.0	7.0	7.0	7.0
高级工	工时					
中级工	工时	31.0	31.4	31.8	32.2	32.6
初级工	工时	233.7	233.7	233.7	233.7	233.7
合计	工时	271.7	272.1	272.5	272.9	273.3
零星材料费	%	3	3	3	3	3
高压水泵 22 kW	台时	251.53	251.53	251.53	251.53	251.53
水枪 Φ65 mm	台时	542.57	544.60	546.63	548.64	550.62
泥浆泵 22 kW	台时	251.53	251.53	251.53	251.53	251.53
排泥管 Φ150 mm	百米时	503.05	503.05	503.05	503.05	503.05
泥浆泵 100 kW	台时	52.69	55.40	58.10	60.78	63.43
高压水泵 7.5 kW	台时	39.52	41.55	43.58	45.59	47.57
排泥管 Φ300 mm×4000 mm	根时	7903.50	9399.21	10894.92	12390.63	13886.34
编号		HF8019	HF8020	HF8021	HF8022	HF8023

续表

项目	单位	排泥管线长度（m）				
		1100	1200	1300	1400	1500
工长	工时	7.0	7.0	7.0	7.0	7.0
高级工	工时					
中级工	工时	33.0	33.4	33.8	34.2	34.6
初级工	工时	233.7	233.7	233.7	233.7	233.7
合计	工时	273.7	274.1	274.5	274.9	275.3
零星材料费	%	3	3	3	3	3
高压水泵 22 kW	台时	251.53	251.53	251.53	251.53	251.53
水枪 Φ65 mm	台时	552.60	554.54	556.46	558.33	560.18
泥浆泵 22 kW	台时	251.53	251.53	251.53	251.53	251.53
排泥管 Φ150 mm	百米时	503.05	503.05	503.05	503.05	503.05
泥浆泵 100 kW	台时	66.06	68.65	71.21	73.71	76.17
高压水泵 7.5 kW	台时	49.55	51.49	53.41	55.28	57.13
排泥管 Φ300 mm×4000 mm	根时	15382.05	16877.76	18373.47	19869.18	21364.89
编号		HF8024	HF8025	HF8026	HF8027	HF8028

续表

项目	单位	排泥管线长度（m）				
		1600	1700	1800	1900	2000
工长	工时	7.0	7.0	7.0	7.0	7.0
高级工	工时					
中级工	工时	35.0	35.4	35.8	36.2	36.6
初级工	工时	233.7	233.7	233.7	233.7	233.7
合计	工时	275.7	276.1	276.5	276.9	277.3
零星材料费	%	3	3	3	3	3
高压水泵 22 kW	台时	251.53	251.53	251.53	251.53	251.53
水枪 Φ65 mm	台时	561.98	563.73	565.44	567.09	568.69
泥浆泵 22 kW	台时	251.53	251.53	251.53	251.53	251.53
排泥管 Φ150 mm	百米时	503.05	503.05	503.05	503.05	503.05
泥浆泵 100 kW	台时	78.57	80.91	83.19	85.39	87.52
高压水泵 7.5 kW	台时	58.93	60.68	62.39	64.04	65.64
排泥管 Φ300 mm×4000 mm	根时	22860.60	24356.31	25852.02	27347.73	28843.44
编号		HF8029	HF8030	HF8031	HF8032	HF8033

续表

项目	单位	排泥管线长度（m）				
		2100	2200	2300	2400	2500
工长	工时	7.0	7.0	7.0	7.0	7.0
高级工	工时					
中级工	工时	37.0	37.4	37.8	38.2	38.6
初级工	工时	233.7	233.7	233.7	233.7	233.7
合计	工时	277.7	278.1	278.5	278.9	279.3
零星材料费	%	3	3	3	3	3
高压水泵 22 kW	台时	251.53	251.53	251.53	251.53	251.53
水枪 Φ65 mm	台时	570.23	571.71	573.12	574.48	576.56
泥浆泵 22 kW	台时	251.53	251.53	251.53	251.53	251.53
排泥管 Φ150 mm	百米时	503.05	503.05	503.05	503.05	503.05
泥浆泵 100 kW	台时	89.57	91.55	93.43	95.24	98.01
高压水泵 7.5 kW	台时	67.18	68.66	70.07	71.43	73.51
排泥管 Φ300 mm×4000 mm	根时	30339.15	31834.86	33330.57	34826.28	36321.99
编号		HF8034	HF8035	HF8036	HF8037	HF8038

续表

项　　目	单位	排泥管线长度（m）				
		2600	2700	2800	2900	3000
工　　长	工时	7.0	7.0	7.0	7.0	7.0
高 级 工	工时					
中 级 工	工时	39.0	39.4	39.8	40.2	40.6
初 级 工	工时	233.7	233.7	233.7	233.7	233.7
合　　计	工时	279.7	280.1	280.5	280.9	281.3
零星材料费	%	3	3	3	3	3
高压水泵　22 kW	台时	251.53	251.53	251.53	251.53	251.53
水　　枪　Φ65 mm	台时	577.86	579.35	580.83	582.30	583.76
泥 浆 泵　22 kW	台时	251.53	251.53	251.53	251.53	251.53
排 泥 管　Φ150 mm	百米时	503.05	503.05	503.05	503.05	503.05
泥 浆 泵　100 kW	台时	99.75	101.73	103.70	105.66	107.61
高压水泵　7.5 kW	台时	74.81	76.30	77.78	79.25	80.71
排 泥 管　Φ300 mm×4000 mm	根时	37817.70	39313.41	40809.12	42304.83	43800.54
编　　号		HF8039	HF8040	HF8041	HF8042	HF8043

续表

项　　目	单位	排泥管线长度（m）				
		3100	3200	3300	3400	3500
工　　长	工时	7.0	7.0	7.0	7.0	7.0
高 级 工	工时					
中 级 工	工时	41.0	41.4	41.8	42.2	42.6
初 级 工	工时	233.7	233.7	233.7	233.7	233.7
合　　计	工时	281.7	282.1	282.5	282.9	283.3
零星材料费	%	3	3	3	3	3
高压水泵 22 kW	台时	251.53	251.53	251.53	251.53	251.53
水　　枪 Φ65 mm	台时	585.21	586.66	588.10	589.53	590.96
泥 浆 泵 22 kW	台时	251.53	251.53	251.53	251.53	251.53
排 泥 管 Φ150 mm	百米时	503.05	503.05	503.05	503.05	503.05
泥 浆 泵 100 kW	台时	109.55	111.48	113.40	115.31	117.21
高压水泵 7.5 kW	台时	82.16	83.61	85.05	86.48	87.91
排 泥 管 Φ300 mm×4000 mm	根时	45296.25	46791.96	48287.67	49783.38	51279.09
编　　号		HF8044	HF8045	HF8046	HF8047	HF8048

续表

项目	单位	排泥管线长度（m）				
		3600	3700	3800	3900	4000
工长	工时	7.0	7.0	7.0	7.0	7.0
高级工	工时					
中级工	工时	43.0	43.4	43.8	44.2	44.6
初级工	工时	233.7	233.7	233.7	233.7	233.7
合计	工时	283.7	284.1	284.5	284.9	285.3
零星材料费	%	3	3	3	3	3
高压水泵 22 kW	台时	251.53	251.53	251.53	251.53	251.53
水枪 Φ65 mm	台时	592.37	593.78	595.19	596.58	597.97
泥浆泵 22 kW	台时	251.53	251.53	251.53	251.53	251.53
排泥管 Φ150 mm	百米时	503.05	503.05	503.05	503.05	503.05
泥浆泵 100 kW	台时	119.10	120.98	122.85	124.71	126.56
高压水泵 7.5 kW	台时	89.32	90.73	92.14	93.53	94.92
排泥管 Φ300 mm×4000 mm	根时	52774.80	54270.51	55766.22	57261.93	58757.64
编号		HF8049	HF8050	HF8051	HF8052	HF8053

续表

项目	单位	排泥管线长度（m）				
		4100	4200	4300	4400	4500
工长	工时	7.0	7.0	7.0	7.0	7.0
高级工	工时					
中级工	工时	45.0	45.4	45.8	46.2	46.6
初级工	工时	233.7	233.7	233.7	233.7	233.7
合计	工时	285.7	286.1	286.5	286.9	287.3
零星材料费	%	3	3	3	3	3
高压水泵　22 kW	台时	251.53	251.53	251.53	251.53	251.53
水枪　Φ65 mm	台时	599.35	600.72	602.09	603.45	604.80
泥浆泵　22 kW	台时	251.53	251.53	251.53	251.53	251.53
排泥管　Φ150 mm	百米时	503.05	503.05	503.05	503.05	503.05
泥浆泵　100 kW	台时	128.40	130.23	132.05	133.86	135.66
高压水泵　7.5 kW	台时	96.30	97.67	99.04	100.40	101.75
排泥管　Φ300 mm×4000 mm	根时	60253.35	61749.06	63244.77	64740.48	66236.19
编号		HF8054	HF8055	HF8056	HF8057	HF8058

续表

项目	单位	排泥管线长度（m）				
		4600	4700	4800	4900	5000
工长	工时	7.0	7.0	7.0	7.0	7.0
高级工	工时					
中级工	工时	47.0	47.4	47.8	48.2	48.6
初级工	工时	233.7	233.7	233.7	233.7	233.7
合计	工时	287.7	288.1	288.5	288.9	289.3
零星材料费	%	3	3	3	3	3
高压水泵 22 kW	台时	251.53	251.53	251.53	251.53	251.53
水枪 Φ65 mm	台时	606.14	607.47	608.80	610.12	611.43
泥浆泵 22 kW	台时	251.53	251.53	251.53	251.53	251.53
排泥管 Φ150 mm	百米时	503.05	503.05	503.05	503.05	503.05
泥浆泵 100 kW	台时	137.45	139.23	141.00	142.76	144.51
高压水泵 7.5 kW	台时	103.09	104.42	105.75	107.07	108.38
排泥管 Φ300 mm×4000 mm	根时	67731.90	69227.61	70723.32	72219.03	73714.74
编号		HF8059	HF8060	HF8061	HF8062	HF8063

续表

项目	单位	排泥管线长度（m）				
		5100	5200	5300	5400	5500
工长	工时	7.0	7.0	7.0	7.0	7.0
高级工	工时					
中级工	工时	49.0	49.4	49.8	50.2	50.6
初级工	工时	233.7	233.7	233.7	233.7	233.7
合计	工时	289.7	290.1	290.5	290.9	291.3
零星材料费	%	3	3	3	3	3
高压水泵 22 kW	台时	251.53	251.53	251.53	251.53	251.53
水枪 Φ65 mm	台时	612.92	614.40	615.87	617.33	618.78
泥浆泵 22 kW	台时	251.53	251.53	251.53	251.53	251.53
排泥管 Φ150 mm	百米时	503.05	503.05	503.05	503.05	503.05
泥浆泵 100 kW	台时	146.49	148.46	150.42	152.37	154.31
高压水泵 7.5 kW	台时	109.87	111.35	112.82	114.28	115.73
排泥管 Φ300 mm×4000 mm	根时	75210.45	76706.16	78201.87	79697.58	81193.29
编号		HF8064	HF8065	HF8066	HF8067	HF8068

续表

项　　目	单位	排泥管线长度（m）				
		5600	5700	5800	5900	6000
工　　长	工时	7.0	7.0	7.0	7.0	7.0
高 级 工	工时					
中 级 工	工时	51.0	51.4	51.8	52.2	52.6
初 级 工	工时	233.7	233.7	233.7	233.7	233.7
合　　计	工时	291.7	292.1	292.5	292.9	293.3
零星材料费	%	3	3	3	3	3
高压水泵 22 kW	台时	251.53	251.53	251.53	251.53	251.53
水　　枪 Φ65 mm	台时	620.23	621.67	623.10	624.53	625.95
泥 浆 泵 22 kW	台时	251.53	251.53	251.53	251.53	251.53
排 泥 管 Φ150 mm	百米时	503.05	503.05	503.05	503.05	503.05
泥 浆 泵 100 kW	台时	156.24	158.16	160.07	161.97	163.86
高压水泵 7.5 kW	台时	117.18	118.62	120.05	121.48	122.90
排 泥 管 Φ300 mm×4000 mm	根时	82689.00	84184.71	85680.42	87176.13	88671.84
编　　号		HF8069	HF8070	HF8071	HF8072	HF8073

续表

项目	单位	排泥管线长度（m）				
		6100	6200	6300	6400	6500
工长	工时	7.0	7.0	7.0	7.0	7.0
高级工	工时					
中级工	工时	53.0	53.4	53.8	54.2	54.6
初级工	工时	233.7	233.7	233.7	233.7	233.7
合计	工时	293.7	294.1	294.5	294.9	295.3
零星材料费	%	3	3	3	3	3
高压水泵 22 kW	台时	251.53	251.53	251.53	251.53	251.53
水枪 Φ65 mm	台时	627.36	628.76	630.15	631.54	632.92
泥浆泵 22 kW	台时	251.53	251.53	251.53	251.53	251.53
排泥管 Φ150 mm	百米时	503.05	503.05	503.05	503.05	503.05
泥浆泵 100 kW	台时	165.74	167.61	169.47	171.32	173.16
高压水泵 7.5 kW	台时	124.31	125.71	127.10	128.49	129.87
排泥管 Φ300 mm×4000 mm	根时	90167.55	91663.26	93158.97	94654.68	96150.39
编号		HF8074	HF8075	HF8076	HF8077	HF8078

续表

项目	单位	排泥管线长度（m）				
		6600	6700	6800	6900	7000
工长	工时	7.0	7.0	7.0	7.0	7.0
高级工	工时					
中级工	工时	55.0	55.4	55.8	56.2	56.6
初级工	工时	233.7	233.7	233.7	233.7	233.7
合计	工时	295.7	296.1	296.5	296.9	297.3
零星材料费	%	3	3	3	3	3
高压水泵 22 kW	台时	251.53	251.53	251.53	251.53	251.53
水枪 Φ65 mm	台时	634.29	635.66	637.02	638.37	639.71
泥浆泵 22 kW	台时	251.53	251.53	251.53	251.53	251.53
排泥管 Φ150 mm	百米时	503.05	503.05	503.05	503.05	503.05
泥浆泵 100 kW	台时	174.99	176.81	178.62	180.42	182.21
高压水泵 7.5 kW	台时	131.24	132.61	133.97	135.32	136.66
排泥管 Φ300 mm×4000 mm	根时	97646.10	99141.81	100637.52	102133.23	103628.94
编号		HF8079	HF8080	HF8081	HF8082	HF8083

续表

项目	单位	排泥管线长度（m）				
		7100	7200	7300	7400	7500
工长	工时	7.0	7.0	7.0	7.0	7.0
高级工	工时					
中级工	工时	57.0	57.4	57.8	58.2	58.6
初级工	工时	233.7	233.7	233.7	233.7	233.7
合计	工时	297.7	298.1	298.5	298.9	299.3
零星材料费	%	3	3	3	3	3
高压水泵 22 kW	台时	251.53	251.53	251.53	251.53	251.53
水枪 Φ65 mm	台时	641.04	642.37	643.69	645.00	646.35
泥浆泵 22 kW	台时	251.53	251.53	251.53	251.53	251.53
排泥管 Φ150 mm	百米时	503.05	503.05	503.05	503.05	503.05
泥浆泵 100 kW	台时	183.99	185.76	187.52	189.27	191.06
高压水泵 7.5 kW	台时	137.99	139.32	140.64	141.95	143.30
排泥管 Φ300 mm×4000 mm	根时	105124.65	106620.36	108116.07	109611.78	111107.49
编号		HF8084	HF8085	HF8086	HF8087	HF8088

续表

项　　目	单位	排泥管线长度（m）				
		7600	7700	7800	7900	8000
工　　长	工时	7.0	7.0	7.0	7.0	7.0
高 级 工	工时					
中 级 工	工时	59.0	59.4	59.8	60.2	60.6
初 级 工	工时	233.7	233.7	233.7	233.7	233.7
合　　计	工时	299.7	300.1	300.5	300.9	301.3
零星材料费	%	3	3	3	3	3
高压水泵　22 kW	台时	251.53	251.53	251.53	251.53	251.53
水　　枪　Φ65 mm	台时	647.83	649.31	650.78	652.24	653.70
泥 浆 泵　22 kW	台时	251.53	251.53	251.53	251.53	251.53
排 泥 管　Φ150 mm	百米时	503.05	503.05	503.05	503.05	503.05
泥 浆 泵　100 kW	台时	193.04	195.01	196.97	198.92	200.86
高压水泵　7.5 kW	台时	144.78	146.26	147.73	149.19	150.65
排 泥 管　Φ300 mm×4000 mm	根时	112603.20	114098.91	115594.62	117090.33	118586.04
编　　号		HF8089	HF8090	HF8091	HF8092	HF8093

续表

项目	单位	排泥管线长度（m）				
		8100	8200	8300	8400	8500
工长	工时	7.0	7.0	7.0	7.0	7.0
高级工	工时					
中级工	工时	61.0	61.4	61.8	62.2	62.6
初级工	工时	233.7	233.7	233.7	233.7	233.7
合计	工时	301.7	302.1	302.5	302.9	303.3
零星材料费	%	3	3	3	3	3
高压水泵 22 kW	台时	251.53	251.53	251.53	251.53	251.53
水枪 Φ65 mm	台时	655.14	656.58	658.02	659.44	660.86
泥浆泵 22 kW	台时	251.53	251.53	251.53	251.53	251.53
排泥管 Φ150 mm	百米时	503.05	503.05	503.05	503.05	503.05
泥浆泵 100 kW	台时	202.79	204.71	206.62	208.52	210.41
高压水泵 7.5 kW	台时	152.09	153.53	154.97	156.39	157.81
排泥管 Φ300 mm×4000 mm	根时	120081.75	121577.46	123073.17	124568.88	126064.59
编号		HF8094	HF8095	HF8096	HF8097	HF8098

续表

项目	单位	排泥管线长度（m）				
		8600	8700	8800	8900	9000
工长	工时	7.0	7.0	7.0	7.0	7.0
高级工	工时					
中级工	工时	63.0	63.4	63.8	64.2	64.6
初级工	工时	233.7	233.7	233.7	233.7	233.7
合计	工时	303.7	304.1	304.5	304.9	305.3
零星材料费	%	3	3	3	3	3
高压水泵 22 kW	台时	251.53	251.53	251.53	251.53	251.53
水枪 Φ65 mm	台时	662.27	663.67	665.07	666.45	667.83
泥浆泵 22 kW	台时	251.53	251.53	251.53	251.53	251.53
排泥管 Φ150 mm	百米时	503.05	503.05	503.05	503.05	503.05
泥浆泵 100 kW	台时	212.29	214.16	216.02	217.87	219.71
高压水泵 7.5 kW	台时	159.22	160.62	162.02	163.40	164.78
排泥管 Φ300 mm×4000 mm	根时	127560.30	129056.01	130551.72	132047.43	133543.14
编号		HF8099	HF8100	HF8101	HF8102	HF8103

续表

项目	单位	排泥管线长度（m）				
		9100	9200	9300	9400	9500
工长	工时	7.0	7.0	7.0	7.0	7.0
高级工	工时					
中级工	工时	65.0	65.4	65.8	66.2	66.6
初级工	工时	233.7	233.7	233.7	233.7	233.7
合计	工时	305.7	306.1	306.5	306.9	307.3
零星材料费	%	3	3	3	3	3
高压水泵 22 kW	台时	251.53	251.53	251.53	251.53	251.53
水枪 Φ65 mm	台时	669.21	670.57	671.93	673.28	674.62
泥浆泵 22 kW	台时	251.53	251.53	251.53	251.53	251.53
排泥管 Φ150 mm	百米时	503.05	503.05	503.05	503.05	503.05
泥浆泵 100 kW	台时	221.54	223.36	225.17	226.97	228.76
高压水泵 7.5 kW	台时	166.16	167.52	168.88	170.23	171.57
排泥管 Φ300 mm×4000 mm	根时	135038.85	136534.56	138030.27	139525.98	141021.69
编号		HF8104	HF8105	HF8106	HF8107	HF8108

续表

项目	单位	排泥管线长度（m）				
		9600	9700	9800	9900	10000
工长	工时	7.0	7.0	7.0	7.0	7.0
高级工	工时					
中级工	工时	67.0	67.4	67.8	68.2	68.6
初级工	工时	233.7	233.7	233.7	233.7	233.7
合计	工时	307.7	308.1	308.5	308.9	309.3
零星材料费	%	3	3	3	3	3
高压水泵 22 kW	台时	251.53	251.53	251.53	251.53	251.53
水枪 Φ65 mm	台时	675.96	677.28	678.60	679.92	681.25
泥浆泵 22 kW	台时	251.53	251.53	251.53	251.53	251.53
排泥管 Φ150 mm	百米时	503.05	503.05	503.05	503.05	503.05
泥浆泵 100 kW	台时	230.54	232.31	234.07	235.82	237.60
高压水泵 7.5 kW	台时	172.91	174.23	175.55	176.87	178.20
排泥管 Φ300 mm×4000 mm	根时	142517.40	144013.11	145508.82	147004.53	148500.00
编号		HF8109	HF8110	HF8111	HF8112	HF8113

续表

项目	单位	排泥管线长度（m）				
		10100	10200	10300	10400	10500
工长	工时	7.0	7.0	7.0	7.0	7.0
高级工	工时					
中级工	工时	69.0	69.4	69.8	70.2	70.6
初级工	工时	233.7	233.7	233.7	233.7	233.7
合计	工时	309.7	310.1	310.5	310.9	311.3
零星材料费	%	3	3	3	3	3
高压水泵 22 kW	台时	251.53	251.53	251.53	251.53	251.53
水枪 Φ65 mm	台时	682.58	683.91	685.24	686.57	687.90
泥浆泵 22 kW	台时	251.53	251.53	251.53	251.53	251.53
排泥管 Φ150 mm	百米时	503.05	503.05	503.05	503.05	503.05
泥浆泵 100 kW	台时	239.38	241.16	242.94	244.72	246.50
高压水泵 7.5 kW	台时	179.53	180.86	182.19	183.52	184.85
排泥管 Φ300 mm×4000 mm	根时	149995.47	151490.94	152986.41	154481.88	155977.35
编号		HF8114	HF8115	HF8116	HF8117	HF8118

续表

项目	单位	排泥管线长度（m）				
		10600	10700	10800	10900	11000
工长	工时	7.0	7.0	7.0	7.0	7.0
高级工	工时					
中级工	工时	71.0	71.4	71.8	72.2	72.6
初级工	工时	233.7	233.7	233.7	233.7	233.7
合计	工时	311.7	312.1	312.5	312.9	313.3
零星材料费	%	3	3	3	3	3
高压水泵 22 kW	台时	251.53	251.53	251.53	251.53	251.53
水枪 Φ65 mm	台时	689.23	690.56	691.89	693.22	694.55
泥浆泵 22 kW	台时	251.53	251.53	251.53	251.53	251.53
排泥管 Φ150 mm	百米时	503.05	503.05	503.05	503.05	503.05
泥浆泵 100 kW	台时	248.28	250.06	251.84	253.62	255.40
高压水泵 7.5 kW	台时	186.18	187.51	188.84	190.17	191.50
排泥管 Φ300 mm×4000 mm	根时	157472.82	158968.29	160463.76	161959.23	163454.70
编号		HF8119	HF8120	HF8121	HF8122	HF8123

续表

项　　目	单位	排泥管线长度（m）				
		11100	11200	11300	11400	11500
工　长	工时	7.0	7.0	7.0	7.0	7.0
高级工	工时					
中级工	工时	73.0	73.4	73.8	74.2	74.6
初级工	工时	233.7	233.7	233.7	233.7	233.7
合　计	工时	313.7	314.1	314.5	314.9	315.3
零星材料费	%	3	3	3	3	3
高压水泵　22 kW	台时	251.53	251.53	251.53	251.53	251.53
水　枪　Φ65 mm	台时	695.88	697.21	698.54	699.87	701.20
泥浆泵　22 kW	台时	251.53	251.53	251.53	251.53	251.53
排泥管　Φ150 mm	百米时	503.05	503.05	503.05	503.05	503.05
泥浆泵　100 kW	台时	257.18	258.96	260.74	262.52	264.30
高压水泵　7.5 kW	台时	192.83	194.16	195.49	196.82	198.15
排泥管　Φ300 mm×4000 mm	根时	164950.17	166445.64	167941.11	169436.58	170932.05
编　号		HF8124	HF8125	HF8126	HF8127	HF8128

续表

项目	单位	排泥管线长度（m）				
		11600	11700	11800	11900	12000
工长	工时	7.0	7.0	7.0	7.0	7.0
高级工	工时					
中级工	工时	75.0	75.4	75.8	76.2	76.6
初级工	工时	233.7	233.7	233.7	233.7	233.7
合计	工时	315.7	316.1	316.5	316.9	317.3
零星材料费	%	3	3	3	3	3
高压水泵 22 kW	台时	251.53	251.53	251.53	251.53	251.53
水枪 Φ65 mm	台时	702.53	703.86	705.19	706.52	707.85
泥浆泵 22 kW	台时	251.53	251.53	251.53	251.53	251.53
排泥管 Φ150 mm	百米时	503.05	503.05	503.05	503.05	503.05
泥浆泵 100 kW	台时	266.08	267.86	269.64	271.42	273.20
高压水泵 7.5 kW	台时	199.48	200.81	202.14	203.47	204.80
排泥管 Φ300 mm×4000 mm	根时	172427.52	173922.99	175418.46	176913.93	178409.40
编号		HF8129	HF8130	HF8131	HF8132	HF8133

（2）Ⅱ类土

单位：10000 m^3

项　　目	单位	排泥管线长度（m）				
		≤600	700	800	900	1000
工　　长	工时	7.0	7.0	7.0	7.0	7.0
高 级 工	工时					
中 级 工	工时	34.5	34.9	35.3	35.7	36.1
初 级 工	工时	265.4	265.4	265.4	265.4	265.4
合　　计	工时	306.9	307.3	307.7	308.1	308.5
零星材料费	%	3	3	3	3	3
高压水泵　22 kW	台时	321.95	321.95	321.95	321.95	321.95
水　　枪　Φ65 mm	台时	683.42	685.45	687.48	689.49	691.47
泥 浆 泵　22 kW	台时	321.95	321.95	321.95	321.95	321.95
排 泥 管　Φ150 mm	百米时	643.90	643.90	643.90	643.90	643.90
泥 浆 泵　100 kW	台时	52.69	55.40	58.10	60.78	63.43
高压水泵　7.5 kW	台时	39.52	41.55	43.58	45.59	47.57
排 泥 管　Φ300 mm×4000 mm	根时	7903.50	9399.21	10894.92	12390.63	13886.34
编　　号		HF8134	HF8135	HF8136	HF8137	HF8138

续表

项目	单位	排泥管线长度（m）				
		1100	1200	1300	1400	1500
工长	工时	7.0	7.0	7.0	7.0	7.0
高级工	工时					
中级工	工时	36.5	36.9	37.3	37.7	38.1
初级工	工时	265.4	265.4	265.4	265.4	265.4
合计	工时	308.9	309.3	309.7	310.1	310.5
零星材料费	%	3	3	3	3	3
高压水泵 22 kW	台时	321.95	321.95	321.95	321.95	321.95
水枪 Φ65 mm	台时	693.45	695.39	697.31	699.18	701.03
泥浆泵 22 kW	台时	321.95	321.95	321.95	321.95	321.95
排泥管 Φ150 mm	百米时	643.90	643.90	643.90	643.90	643.90
泥浆泵 100 kW	台时	66.06	68.65	71.21	73.71	76.17
高压水泵 7.5 kW	台时	49.55	51.49	53.41	55.28	57.13
排泥管 Φ300 mm×4000 mm	根时	15382.05	16877.76	18373.47	19869.18	21364.89
编号		HF8139	HF8140	HF8141	HF8142	HF8143

续表

项目	单位	排泥管线长度（m）				
		1600	1700	1800	1900	2000
工长	工时	7.0	7.0	7.0	7.0	7.0
高级工	工时					
中级工	工时	38.5	38.9	39.3	39.7	40.1
初级工	工时	265.4	265.4	265.4	265.4	265.4
合计	工时	310.9	311.3	311.7	312.1	312.5
零星材料费	%	3	3	3	3	3
高压水泵 22 kW	台时	321.95	321.95	321.95	321.95	321.95
水枪 Φ65 mm	台时	702.83	704.58	706.29	707.94	709.54
泥浆泵 22 kW	台时	321.95	321.95	321.95	321.95	321.95
排泥管 Φ150 mm	百米时	643.90	643.90	643.90	643.90	643.90
泥浆泵 100 kW	台时	78.57	80.91	83.19	85.39	87.52
高压水泵 7.5 kW	台时	58.93	60.68	62.39	64.04	65.64
排泥管 Φ300 mm×4000 mm	根时	22860.60	24356.31	25852.02	27347.73	28843.44
编号		HF8144	HF8145	HF8146	HF8147	HF8148

续表

项目	单位	排泥管线长度（m）				
		2100	2200	2300	2400	2500
工长	工时	7.0	7.0	7.0	7.0	7.0
高级工	工时					
中级工	工时	40.5	40.9	41.3	41.7	42.1
初级工	工时	265.4	265.4	265.4	265.4	265.4
合计	工时	312.9	313.3	313.7	314.1	314.5
零星材料费	%	3	3	3	3	3
高压水泵 22 kW	台时	321.95	321.95	321.95	321.95	321.95
水枪 Φ65 mm	台时	711.08	712.56	713.97	715.33	717.41
泥浆泵 22 kW	台时	321.95	321.95	321.95	321.95	321.95
排泥管 Φ150 mm	百米时	643.90	643.90	643.90	643.90	643.90
泥浆泵 100 kW	台时	89.57	91.55	93.43	95.24	98.01
高压水泵 7.5 kW	台时	67.18	68.66	70.07	71.43	73.51
排泥管 Φ300 mm×4000 mm	根时	30339.15	31834.86	33330.57	34826.28	36321.99
编号		HF8149	HF8150	HF8151	HF8152	HF8153

续表

项　　目	单位	排泥管线长度（m）				
		2600	2700	2800	2900	3000
工　　长	工时	7.0	7.0	7.0	7.0	7.0
高 级 工	工时					
中 级 工	工时	42.5	42.9	43.3	43.7	44.1
初 级 工	工时	265.4	265.4	265.4	265.4	265.4
合　　计	工时	314.9	315.3	315.7	316.1	316.5
零星材料费	%	3	3	3	3	3
高压水泵　22 kW	台时	321.95	321.95	321.95	321.95	321.95
水　　枪　Φ65 mm	台时	718.71	720.20	721.68	723.15	724.61
泥 浆 泵　22 kW	台时	321.95	321.95	321.95	321.95	321.95
排 泥 管　Φ150 mm	百米时	643.90	643.90	643.90	643.90	643.90
泥 浆 泵　100 kW	台时	99.75	101.73	103.70	105.66	107.61
高压水泵　7.5 kW	台时	74.81	76.30	77.78	79.25	80.71
排 泥 管　Φ300 mm×4000 mm	根时	37817.70	39313.41	40809.12	42304.83	43800.54
编　　号		HF8154	HF8155	HF8156	HF8157	HF8158

续表

项目	单位	排泥管线长度（m）				
		3100	3200	3300	3400	3500
工长	工时	7.0	7.0	7.0	7.0	7.0
高级工	工时					
中级工	工时	44.5	44.9	45.3	45.7	46.1
初级工	工时	265.4	265.4	265.4	265.4	265.4
合计	工时	316.9	317.3	317.7	318.1	318.5
零星材料费	%	3	3	3	3	3
高压水泵 22 kW	台时	321.95	321.95	321.95	321.95	321.95
水枪 Φ65 mm	台时	726.06	727.51	728.95	730.38	731.81
泥浆泵 22 kW	台时	321.95	321.95	321.95	321.95	321.95
排泥管 Φ150 mm	百米时	643.90	643.90	643.90	643.90	643.90
泥浆泵 100 kW	台时	109.55	111.48	113.40	115.31	117.21
高压水泵 7.5 kW	台时	82.16	83.61	85.05	86.48	87.91
排泥管 Φ300 mm×4000 mm	根时	45296.25	46791.96	48287.67	49783.38	51279.09
编号		HF8159	HF8160	HF8161	HF8162	HF8163

续表

项目	单位	排泥管线长度（m）				
		3600	3700	3800	3900	4000
工长	工时	7.0	7.0	7.0	7.0	7.0
高级工	工时					
中级工	工时	46.5	46.9	47.3	47.7	48.1
初级工	工时	265.4	265.4	265.4	265.4	265.4
合计	工时	318.9	319.3	319.7	320.1	320.5
零星材料费	%	3	3	3	3	3
高压水泵 22 kW	台时	321.95	321.95	321.95	321.95	321.95
水枪 Φ65 mm	台时	733.22	734.63	736.04	737.43	738.82
泥浆泵 22 kW	台时	321.95	321.95	321.95	321.95	321.95
排泥管 Φ150 mm	百米时	643.90	643.90	643.90	643.90	643.90
泥浆泵 100 kW	台时	119.10	120.98	122.85	124.71	126.56
高压水泵 7.5 kW	台时	89.32	90.73	92.14	93.53	94.92
排泥管 Φ300 mm×4000 mm	根时	52774.80	54270.51	55766.22	57261.93	58757.64
编号		HF8164	HF8165	HF8166	HF8167	HF8168

续表

项　　目	单位	排泥管线长度（m）				
		4100	4200	4300	4400	4500
工　长	工时	7.0	7.0	7.0	7.0	7.0
高级工	工时					
中级工	工时	48.5	48.9	49.3	49.7	50.1
初级工	工时	265.4	265.4	265.4	265.4	265.4
合　计	工时	320.9	321.3	321.7	322.1	322.5
零星材料费	%	3	3	3	3	3
高压水泵　22 kW	台时	321.95	321.95	321.95	321.95	321.95
水　枪　Φ65 mm	台时	740.20	741.57	742.94	744.30	745.65
泥浆泵　22 kW	台时	321.95	321.95	321.95	321.95	321.95
排泥管　Φ150 mm	百米时	643.90	643.90	643.90	643.90	643.90
泥浆泵　100 kW	台时	128.40	130.23	132.05	133.86	135.66
高压水泵　7.5 kW	台时	96.30	97.67	99.04	100.40	101.75
排泥管　Φ300 mm×4000 mm	根时	60253.35	61749.06	63244.77	64740.48	66236.19
编　　号		HF8169	HF8170	HF8171	HF8172	HF8173

续表

项目	单位	排泥管线长度（m）				
		4600	4700	4800	4900	5000
工长	工时	7.0	7.0	7.0	7.0	7.0
高级工	工时					
中级工	工时	50.5	50.9	51.3	51.7	52.1
初级工	工时	265.4	265.4	265.4	265.4	265.4
合计	工时	322.9	323.3	323.7	324.1	324.5
零星材料费	%	3	3	3	3	3
高压水泵 22 kW	台时	321.95	321.95	321.95	321.95	321.95
水枪 Φ65 mm	台时	746.99	748.32	749.65	750.97	752.28
泥浆泵 22 kW	台时	321.95	321.95	321.95	321.95	321.95
排泥管 Φ150 mm	百米时	643.90	643.90	643.90	643.90	643.90
泥浆泵 100 kW	台时	137.45	139.23	141.00	142.76	144.51
高压水泵 7.5 kW	台时	103.09	104.42	105.75	107.07	108.38
排泥管 Φ300 mm×4000 mm	根时	67731.90	69227.61	70723.32	72219.03	73714.74
编号		HF8174	HF8175	HF8176	HF8177	HF8178

续表

项目	单位	排泥管线长度（m）				
		5100	5200	5300	5400	5500
工长	工时	7.0	7.0	7.0	7.0	7.0
高级工	工时					
中级工	工时	52.5	52.9	53.3	53.7	54.1
初级工	工时	265.4	265.4	265.4	265.4	265.4
合计	工时	324.9	325.3	325.7	326.1	326.5
零星材料费	%	3	3	3	3	3
高压水泵 22 kW	台时	321.95	321.95	321.95	321.95	321.95
水枪 Φ65 mm	台时	753.77	755.25	756.72	758.18	759.63
泥浆泵 22 kW	台时	321.95	321.95	321.95	321.95	321.95
排泥管 Φ150 mm	百米时	643.90	643.90	643.90	643.90	643.90
泥浆泵 100 kW	台时	146.49	148.46	150.42	152.37	154.31
高压水泵 7.5 kW	台时	109.87	111.35	112.82	114.28	115.73
排泥管 Φ300 mm×4000 mm	根时	75210.45	76706.16	78201.87	79697.58	81193.29
编号		HF8179	HF8180	HF8181	HF8182	HF8183

续表

项目	单位	排泥管线长度（m）				
		5600	5700	5800	5900	6000
工长	工时	7.0	7.0	7.0	7.0	7.0
高级工	工时					
中级工	工时	54.5	54.9	55.3	55.7	56.1
初级工	工时	265.4	265.4	265.4	265.4	265.4
合计	工时	326.9	327.3	327.7	328.1	328.5
零星材料费	%	3	3	3	3	3
高压水泵 22 kW	台时	321.95	321.95	321.95	321.95	321.95
水枪 Φ65 mm	台时	761.08	762.52	763.95	765.38	766.80
泥浆泵 22 kW	台时	321.95	321.95	321.95	321.95	321.95
排泥管 Φ150 mm	百米时	643.90	643.90	643.90	643.90	643.90
泥浆泵 100 kW	台时	156.24	158.16	160.07	161.97	163.86
高压水泵 7.5 kW	台时	117.18	118.62	120.05	121.48	122.90
排泥管 Φ300 mm×4000 mm	根时	82689.00	84184.71	85680.42	87176.13	88671.84
编号		HF8184	HF8185	HF8186	HF8187	HF8188

续表

项目	单位	排泥管线长度（m）				
		6100	6200	6300	6400	6500
工长	工时	7.0	7.0	7.0	7.0	7.0
高级工	工时					
中级工	工时	56.5	56.9	57.3	57.7	58.1
初级工	工时	265.4	265.4	265.4	265.4	265.4
合计	工时	328.9	329.3	329.7	330.1	330.5
零星材料费	%	3	3	3	3	3
高压水泵 22 kW	台时	321.95	321.95	321.95	321.95	321.95
水枪 Φ65 mm	台时	768.21	769.61	771.00	772.39	773.77
泥浆泵 22 kW	台时	321.95	321.95	321.95	321.95	321.95
排泥管 Φ150 mm	百米时	643.90	643.90	643.90	643.90	643.90
泥浆泵 100 kW	台时	165.74	167.61	169.47	171.32	173.16
高压水泵 7.5 kW	台时	124.31	125.71	127.10	128.49	129.87
排泥管 Φ300 mm×4000 mm	根时	90167.55	91663.26	93158.97	94654.68	96150.39
编号		HF8189	HF8190	HF8191	HF8192	HF8193

续表

项目	单位	排泥管线长度（m）				
		6600	6700	6800	6900	7000
工长	工时	7.0	7.0	7.0	7.0	7.0
高级工	工时					
中级工	工时	58.5	58.9	59.3	59.7	60.1
初级工	工时	265.4	265.4	265.4	265.4	265.4
合计	工时	330.9	331.3	331.7	332.1	332.5
零星材料费	%	3	3	3	3	3
高压水泵 22 kW	台时	321.95	321.95	321.95	321.95	321.95
水枪 Φ65 mm	台时	775.14	776.51	777.87	779.22	780.56
泥浆泵 22 kW	台时	321.95	321.95	321.95	321.95	321.95
排泥管 Φ150 mm	百米时	643.90	643.90	643.90	643.90	643.90
泥浆泵 100 kW	台时	174.99	176.81	178.62	180.42	182.21
高压水泵 7.5 kW	台时	131.24	132.61	133.97	135.32	136.66
排泥管 Φ300 mm×4000 mm	根时	97646.10	99141.81	100637.52	102133.23	103628.94
编号		HF8194	HF8195	HF8196	HF8197	HF8198

续表

项目	单位	排泥管线长度（m）				
		7100	7200	7300	7400	7500
工长	工时	7.0	7.0	7.0	7.0	7.0
高级工	工时					
中级工	工时	60.5	60.9	61.3	61.7	62.1
初级工	工时	265.4	265.4	265.4	265.4	265.4
合计	工时	332.9	333.3	333.7	334.1	334.5
零星材料费	%	3	3	3	3	3
高压水泵 22 kW	台时	321.95	321.95	321.95	321.95	321.95
水枪 Φ65 mm	台时	781.89	783.22	784.54	785.85	787.20
泥浆泵 22 kW	台时	321.95	321.95	321.95	321.95	321.95
排泥管 Φ150 mm	百米时	643.90	643.90	643.90	643.90	643.90
泥浆泵 100 kW	台时	183.99	185.76	187.52	189.27	191.06
高压水泵 7.5 kW	台时	137.99	139.32	140.64	141.95	143.30
排泥管 Φ300 mm×4000 mm	根时	105124.65	106620.36	108116.07	109611.78	111107.49
编号		HF8199	HF8200	HF8201	HF8202	HF8203

续表

项目	单位	排泥管线长度（m）				
		7600	7700	7800	7900	8000
工长	工时	7.0	7.0	7.0	7.0	7.0
高级工	工时					
中级工	工时	62.5	62.9	63.3	63.7	64.1
初级工	工时	265.4	265.4	265.4	265.4	265.4
合计	工时	334.9	335.3	335.7	336.1	336.5
零星材料费	%	3	3	3	3	3
高压水泵 22 kW	台时	321.95	321.95	321.95	321.95	321.95
水枪 Φ65 mm	台时	788.68	790.16	791.63	793.09	794.55
泥浆泵 22 kW	台时	321.95	321.95	321.95	321.95	321.95
排泥管 Φ150 mm	百米时	643.90	643.90	643.90	643.90	643.90
泥浆泵 100 kW	台时	193.04	195.01	196.97	198.92	200.86
高压水泵 7.5 kW	台时	144.78	146.26	147.73	149.19	150.65
排泥管 Φ300 mm×4000 mm	根时	112603.20	114098.91	115594.62	117090.33	118586.04
编号		HF8204	HF8205	HF8206	HF8207	HF8208

续表

项目	单位	排泥管线长度（m）				
		8100	8200	8300	8400	8500
工长	工时	7.0	7.0	7.0	7.0	7.0
高级工	工时					
中级工	工时	64.5	64.9	65.3	65.7	66.1
初级工	工时	265.4	265.4	265.4	265.4	265.4
合计	工时	336.9	337.3	337.7	338.1	338.5
零星材料费	%	3	3	3	3	3
高压水泵 22 kW	台时	321.95	321.95	321.95	321.95	321.95
水枪 Φ65 mm	台时	795.99	797.43	798.87	800.29	801.71
泥浆泵 22 kW	台时	321.95	321.95	321.95	321.95	321.95
排泥管 Φ150 mm	百米时	643.90	643.90	643.90	643.90	643.90
泥浆泵 100 kW	台时	202.79	204.71	206.62	208.52	210.41
高压水泵 7.5 kW	台时	152.09	153.53	154.97	156.39	157.81
排泥管 Φ300 mm×4000 mm	根时	120081.75	121577.46	123073.17	124568.88	126064.59
编号		HF8209	HF8210	HF8211	HF8212	HF8213

续表

项目	单位	排泥管线长度（m）				
		8600	8700	8800	8900	9000
工长	工时	7.0	7.0	7.0	7.0	7.0
高级工	工时					
中级工	工时	66.5	66.9	67.3	67.7	68.1
初级工	工时	265.4	265.4	265.4	265.4	265.4
合计	工时	338.9	339.3	339.7	340.1	340.5
零星材料费	%	3	3	3	3	3
高压水泵 22 kW	台时	321.95	321.95	321.95	321.95	321.95
水枪 Φ65 mm	台时	803.12	804.52	805.92	807.30	808.68
泥浆泵 22 kW	台时	321.95	321.95	321.95	321.95	321.95
排泥管 Φ150 mm	百米时	643.90	643.90	643.90	643.90	643.90
泥浆泵 100 kW	台时	212.29	214.16	216.02	217.87	219.71
高压水泵 7.5 kW	台时	159.22	160.62	162.02	163.40	164.78
排泥管 Φ300 mm×4000 mm	根时	127560.30	129056.01	130551.72	132047.43	133543.14
编号		HF8214	HF8215	HF8216	HF8217	HF8218

续表

项目	单位	排泥管线长度（m）				
		9100	9200	9300	9400	9500
工长	工时	7.0	7.0	7.0	7.0	7.0
高级工	工时					
中级工	工时	68.5	68.9	69.3	69.7	70.1
初级工	工时	265.4	265.4	265.4	265.4	265.4
合计	工时	340.9	341.3	341.7	342.1	342.5
零星材料费	%	3	3	3	3	3
高压水泵 22 kW	台时	321.95	321.95	321.95	321.95	321.95
水枪 Φ65 mm	台时	810.06	811.42	812.78	814.13	815.47
泥浆泵 22 kW	台时	321.95	321.95	321.95	321.95	321.95
排泥管 Φ150 mm	百米时	643.90	643.90	643.90	643.90	643.90
泥浆泵 100 kW	台时	221.54	223.36	225.17	226.97	228.76
高压水泵 7.5 kW	台时	166.16	167.52	168.88	170.23	171.57
排泥管 Φ300 mm×4000 mm	根时	135038.85	136534.56	138030.27	139525.98	141021.69
编号		HF8219	HF8220	HF8221	HF8222	HF8223

续表

项目	单位	排泥管线长度（m）				
		9600	9700	9800	9900	10000
工长	工时	7.0	7.0	7.0	7.0	7.0
高级工	工时					
中级工	工时	70.5	70.9	71.3	71.7	72.1
初级工	工时	265.4	265.4	265.4	265.4	265.4
合计	工时	342.9	343.3	343.7	344.1	344.5
零星材料费	%	3	3	3	3	3
高压水泵 22 kW	台时	321.95	321.95	321.95	321.95	321.95
水枪 Φ65 mm	台时	816.81	818.13	819.45	820.77	822.10
泥浆泵 22 kW	台时	321.95	321.95	321.95	321.95	321.95
排泥管 Φ150 mm	百米时	643.90	643.90	643.90	643.90	643.90
泥浆泵 100 kW	台时	230.54	232.31	234.07	235.82	237.60
高压水泵 7.5 kW	台时	172.91	174.23	175.55	176.87	178.20
排泥管 Φ300 mm×4000 mm	根时	142517.40	144013.11	145508.82	147004.53	148500.00
编号		HF8224	HF8225	HF8226	HF8227	HF8228

续表

项目	单位	排泥管线长度（m）				
		10100	10200	10300	10400	10500
工长	工时	7.0	7.0	7.0	7.0	7.0
高级工	工时					
中级工	工时	72.5	72.9	73.3	73.7	74.1
初级工	工时	265.4	265.4	265.4	265.4	265.4
合计	工时	344.9	345.3	345.7	346.1	346.5
零星材料费	%	3	3	3	3	3
高压水泵 22 kW	台时	321.95	321.95	321.95	321.95	321.95
水枪 Φ65 mm	台时	823.43	824.76	826.09	827.42	828.75
泥浆泵 22 kW	台时	321.95	321.95	321.95	321.95	321.95
排泥管 Φ150 mm	百米时	643.90	643.90	643.90	643.90	643.90
泥浆泵 100 kW	台时	239.38	241.16	242.94	244.72	246.50
高压水泵 7.5 kW	台时	179.53	180.86	182.19	183.52	184.85
排泥管 Φ300 mm×4000 mm	根时	149995.47	151490.94	152986.41	154481.88	155977.35
编号		HF8229	HF8230	HF8231	HF8232	HF8233

续表

项目	单位	排泥管线长度（m）				
		10600	10700	10800	10900	11000
工长	工时	7.0	7.0	7.0	7.0	7.0
高级工	工时					
中级工	工时	74.5	74.9	75.3	75.7	76.1
初级工	工时	265.4	265.4	265.4	265.4	265.4
合计	工时	346.9	347.3	347.7	348.1	348.5
零星材料费	%	3	3	3	3	3
高压水泵 22 kW	台时	321.95	321.95	321.95	321.95	321.95
水枪 Φ65 mm	台时	830.08	831.41	832.74	834.07	835.40
泥浆泵 22 kW	台时	321.95	321.95	321.95	321.95	321.95
排泥管 Φ150 mm	百米时	643.90	643.90	643.90	643.90	643.90
泥浆泵 100 kW	台时	248.28	250.06	251.84	253.62	255.40
高压水泵 7.5 kW	台时	186.18	187.51	188.84	190.17	191.50
排泥管 Φ300 mm×4000 mm	根时	157472.82	158968.29	160463.76	161959.23	163454.70
编号		HF8234	HF8235	HF8236	HF8237	HF8238

续表

项目	单位	排泥管线长度（m）				
		11100	11200	11300	11400	11500
工长	工时	7.0	7.0	7.0	7.0	7.0
高级工	工时					
中级工	工时	76.5	76.9	77.3	77.7	78.1
初级工	工时	265.4	265.4	265.4	265.4	265.4
合计	工时	348.9	349.3	349.7	350.1	350.5
零星材料费	%	3	3	3	3	3
高压水泵 22 kW	台时	321.95	321.95	321.95	321.95	321.95
水枪 Φ65 mm	台时	836.73	838.06	839.39	840.72	842.05
泥浆泵 22 kW	台时	321.95	321.95	321.95	321.95	321.95
排泥管 Φ150 mm	百米时	643.90	643.90	643.90	643.90	643.90
泥浆泵 100 kW	台时	257.18	258.96	260.74	262.52	264.30
高压水泵 7.5 kW	台时	192.83	194.16	195.49	196.82	198.15
排泥管 Φ300 mm×4000 mm	根时	164950.17	166445.64	167941.11	169436.58	170932.05
编号		HF8239	HF8240	HF8241	HF8242	HF8243

续表

项目	单位	排泥管线长度（m）				
		11600	11700	11800	11900	12000
工长	工时	7.0	7.0	7.0	7.0	7.0
高级工	工时					
中级工	工时	78.5	78.9	79.3	79.7	80.1
初级工	工时	265.4	265.4	265.4	265.4	265.4
合计	工时	350.9	351.3	351.7	352.1	352.5
零星材料费	%	3	3	3	3	3
高压水泵 22 kW	台时	321.95	321.95	321.95	321.95	321.95
水枪 Φ65 mm	台时	843.38	844.71	846.04	847.37	848.70
泥浆泵 22 kW	台时	321.95	321.95	321.95	321.95	321.95
排泥管 Φ150 mm	百米时	643.90	643.90	643.90	643.90	643.90
泥浆泵 100 kW	台时	266.08	267.86	269.64	271.42	273.20
高压水泵 7.5 kW	台时	199.48	200.81	202.14	203.47	204.80
排泥管 Φ300 mm×4000 mm	根时	172427.52	173922.99	175418.46	176913.93	178409.40
编号		HF8244	HF8245	HF8246	HF8247	HF8248

（3）Ⅲ类土

单位：10000 m^3

项目	单位	排泥管线长度（m）				
		≤600	700	800	900	1000
工长	工时	7.0	7.0	7.0	7.0	7.0
高级工	工时					
中级工	工时	40.7	41.1	41.5	41.9	42.3
初级工	工时	320.8	320.8	320.8	320.8	320.8
合计	工时	368.5	368.9	369.3	369.7	370.1
零星材料费	%	3	3	3	3	3
高压水泵 22 kW	台时	445.20	445.20	445.20	445.20	445.20
水枪 Φ65 mm	台时	929.92	931.95	933.98	935.99	937.97
泥浆泵 22 kW	台时	445.20	445.20	445.20	445.20	445.20
排泥管 Φ150 mm	百米时	890.40	890.40	890.40	890.40	890.40
泥浆泵 100 kW	台时	52.69	55.40	58.10	60.78	63.43
高压水泵 7.5 kW	台时	39.52	41.55	43.58	45.59	47.57
排泥管 Φ300 mm×4000 mm	根时	7903.50	9399.21	10894.92	12390.63	13886.34
编号		HF8249	HF8250	HF8251	HF8252	HF8253

续表

项目	单位	排泥管线长度（m）				
		1100	1200	1300	1400	1500
工长	工时	7.0	7.0	7.0	7.0	7.0
高级工	工时					
中级工	工时	42.7	43.1	43.5	43.9	44.3
初级工	工时	320.8	320.8	320.8	320.8	320.8
合计	工时	370.5	370.9	371.3	371.7	372.1
零星材料费	%	3	3	3	3	3
高压水泵 22 kW	台时	445.20	445.20	445.20	445.20	445.20
水枪 Φ65 mm	台时	939.95	941.89	943.81	945.68	947.53
泥浆泵 22 kW	台时	445.20	445.20	445.20	445.20	445.20
排泥管 Φ150 mm	百米时	890.40	890.40	890.40	890.40	890.40
泥浆泵 100 kW	台时	66.06	68.65	71.21	73.71	76.17
高压水泵 7.5 kW	台时	49.55	51.49	53.41	55.28	57.13
排泥管 Φ300 mm×4000 mm	根时	15382.05	16877.76	18373.47	19869.18	21364.89
编号		HF8254	HF8255	HF8256	HF8257	HF8258

续表

项　　目	单位	排泥管线长度（m）				
		1600	1700	1800	1900	2000
工　　长	工时	7.0	7.0	7.0	7.0	7.0
高 级 工	工时					
中 级 工	工时	44.7	45.1	45.5	45.9	46.3
初 级 工	工时	320.8	320.8	320.8	320.8	320.8
合　　计	工时	372.5	372.9	373.3	373.7	374.1
零星材料费	%	3	3	3	3	3
高压水泵　22 kW	台时	445.20	445.20	445.20	445.20	445.20
水　　枪　Φ65 mm	台时	949.33	951.08	952.79	954.44	956.04
泥 浆 泵　22 kW	台时	445.20	445.20	445.20	445.20	445.20
排 泥 管　Φ150 mm	百米时	890.40	890.40	890.40	890.40	890.40
泥 浆 泵　100 kW	台时	78.57	80.91	83.19	85.39	87.52
高压水泵　7.5 kW	台时	58.93	60.68	62.39	64.04	65.64
排 泥 管　Φ300 mm×4000 mm	根时	22860.60	24356.31	25852.02	27347.73	28843.44
编　　号		HF8259	HF8260	HF8261	HF8262	HF8263

续表

项目	单位	排泥管线长度（m）				
		2100	2200	2300	2400	2500
工长	工时	7.0	7.0	7.0	7.0	7.0
高级工	工时					
中级工	工时	46.7	47.1	47.5	47.9	48.3
初级工	工时	320.8	320.8	320.8	320.8	320.8
合计	工时	374.5	374.9	375.3	375.7	376.1
零星材料费	%	3	3	3	3	3
高压水泵 22 kW	台时	445.20	445.20	445.20	445.20	445.20
水枪 Φ65 mm	台时	957.58	959.06	960.47	961.83	963.91
泥浆泵 22 kW	台时	445.20	445.20	445.20	445.20	445.20
排泥管 Φ150 mm	百米时	890.40	890.40	890.40	890.40	890.40
泥浆泵 100 kW	台时	89.57	91.55	93.43	95.24	98.01
高压水泵 7.5 kW	台时	67.18	68.66	70.07	71.43	73.51
排泥管 Φ300 mm×4000 mm	根时	30339.15	31834.86	33330.57	34826.28	36321.99
编号		HF8264	HF8265	HF8266	HF8267	HF8268

续表

项　　目	单位	排泥管线长度（m）				
		2600	2700	2800	2900	3000
工　　长	工时	7.0	7.0	7.0	7.0	7.0
高 级 工	工时					
中 级 工	工时	48.7	49.1	49.5	49.9	50.3
初 级 工	工时	320.8	320.8	320.8	320.8	320.8
合　　计	工时	376.5	376.9	377.3	377.7	378.1
零星材料费	%	3	3	3	3	3
高压水泵　22 kW	台时	445.20	445.20	445.20	445.20	445.20
水　　枪　Φ65 mm	台时	965.21	966.70	968.18	969.65	971.11
泥 浆 泵　22 kW	台时	445.20	445.20	445.20	445.20	445.20
排 泥 管　Φ150 mm	百米时	890.40	890.40	890.40	890.40	890.40
泥 浆 泵　100 kW	台时	99.75	101.73	103.70	105.66	107.61
高压水泵　7.5 kW	台时	74.81	76.30	77.78	79.25	80.71
排 泥 管　Φ300 mm×4000 mm	根时	37817.70	39313.41	40809.12	42304.83	43800.54
编　　号		HF8269	HF8270	HF8271	HF8272	HF8273

续表

项目	单位	排泥管线长度（m）				
		3100	3200	3300	3400	3500
工长	工时	7.0	7.0	7.0	7.0	7.0
高级工	工时					
中级工	工时	50.7	51.1	51.5	51.9	52.3
初级工	工时	320.8	320.8	320.8	320.8	320.8
合计	工时	378.5	378.9	379.3	379.7	380.1
零星材料费	%	3	3	3	3	3
高压水泵 22 kW	台时	445.20	445.20	445.20	445.20	445.20
水枪 Φ65 mm	台时	972.56	974.01	975.45	976.88	978.31
泥浆泵 22 kW	台时	445.20	445.20	445.20	445.20	445.20
排泥管 Φ150 mm	百米时	890.40	890.40	890.40	890.40	890.40
泥浆泵 100 kW	台时	109.55	111.48	113.40	115.31	117.21
高压水泵 7.5 kW	台时	82.16	83.61	85.05	86.48	87.91
排泥管 Φ300 mm×4000 mm	根时	45296.25	46791.96	48287.67	49783.38	51279.09
编号		HF8274	HF8275	HF8276	HF8277	HF8278

续表

项目	单位	排泥管线长度（m）				
		3600	3700	3800	3900	4000
工长	工时	7.0	7.0	7.0	7.0	7.0
高级工	工时					
中级工	工时	52.7	53.1	53.5	53.9	54.3
初级工	工时	320.8	320.8	320.8	320.8	320.8
合计	工时	380.5	380.9	381.3	381.7	382.1
零星材料费	%	3	3	3	3	3
高压水泵 22 kW	台时	445.20	445.20	445.20	445.20	445.20
水枪 Φ65 mm	台时	979.72	981.13	982.54	983.93	985.32
泥浆泵 22 kW	台时	445.20	445.20	445.20	445.20	445.20
排泥管 Φ150 mm	百米时	890.40	890.40	890.40	890.40	890.40
泥浆泵 100 kW	台时	119.10	120.98	122.85	124.71	126.56
高压水泵 7.5 kW	台时	89.32	90.73	92.14	93.53	94.92
排泥管 Φ300 mm×4000 mm	根时	52774.80	54270.51	55766.22	57261.93	58757.64
编号		HF8279	HF8280	HF8281	HF8282	HF8283

续表

项目	单位	排泥管线长度（m）				
		4100	4200	4300	4400	4500
工长	工时	7.0	7.0	7.0	7.0	7.0
高级工	工时					
中级工	工时	54.7	55.1	55.5	55.9	56.3
初级工	工时	320.8	320.8	320.8	320.8	320.8
合计	工时	382.5	382.9	383.3	383.7	384.1
零星材料费	%	3	3	3	3	3
高压水泵 22 kW	台时	445.20	445.20	445.20	445.20	445.20
水枪 Φ65 mm	台时	986.70	988.07	989.44	990.80	992.15
泥浆泵 22 kW	台时	445.20	445.20	445.20	445.20	445.20
排泥管 Φ150 mm	百米时	890.40	890.40	890.40	890.40	890.40
泥浆泵 100 kW	台时	128.40	130.23	132.05	133.86	135.66
高压水泵 7.5 kW	台时	96.30	97.67	99.04	100.40	101.75
排泥管 Φ300 mm×4000 mm	根时	60253.35	61749.06	63244.77	64740.48	66236.19
编号		HF8284	HF8285	HF8286	HF8287	HF8288

续表

项目	单位	排泥管线长度（m）				
		4600	4700	4800	4900	5000
工长	工时	7.0	7.0	7.0	7.0	7.0
高级工	工时					
中级工	工时	56.7	57.1	57.5	57.9	58.3
初级工	工时	320.8	320.8	320.8	320.8	320.8
合计	工时	384.5	384.9	385.3	385.7	386.1
零星材料费	%	3	3	3	3	3
高压水泵 22 kW	台时	445.20	445.20	445.20	445.20	445.20
水枪 Φ65 mm	台时	993.49	994.82	996.15	997.47	998.78
泥浆泵 22 kW	台时	445.20	445.20	445.20	445.20	445.20
排泥管 Φ150 mm	百米时	890.40	890.40	890.40	890.40	890.40
泥浆泵 100 kW	台时	137.45	139.23	141.00	142.76	144.51
高压水泵 7.5 kW	台时	103.09	104.42	105.75	107.07	108.38
排泥管 Φ300 mm×4000 mm	根时	67731.90	69227.61	70723.32	72219.03	73714.74
编号		HF8289	HF8290	HF8291	HF8292	HF8293

续表

项目	单位	排泥管线长度（m）				
		5100	5200	5300	5400	5500
工长	工时	7.0	7.0	7.0	7.0	7.0
高级工	工时					
中级工	工时	58.7	59.1	59.5	59.9	60.3
初级工	工时	320.8	320.8	320.8	320.8	320.8
合计	工时	386.5	386.9	387.3	387.7	388.1
零星材料费	%	3	3	3	3	3
高压水泵 22 kW	台时	445.20	445.20	445.20	445.20	445.20
水枪 Φ65 mm	台时	1000.27	1001.75	1003.22	1004.68	1006.13
泥浆泵 22 kW	台时	445.20	445.20	445.20	445.20	445.20
排泥管 Φ150 mm	百米时	890.40	890.40	890.40	890.40	890.40
泥浆泵 100 kW	台时	146.49	148.46	150.42	152.37	154.31
高压水泵 7.5 kW	台时	109.87	111.35	112.82	114.28	115.73
排泥管 Φ300 mm×4000 mm	根时	75210.45	76706.16	78201.87	79697.58	81193.29
编号		HF8294	HF8295	HF8296	HF8297	HF8298

续表

项目		单位	排泥管线长度（m）				
			5600	5700	5800	5900	6000
工长		工时	7.0	7.0	7.0	7.0	7.0
高级工		工时					
中级工		工时	60.7	61.1	61.5	61.9	62.3
初级工		工时	320.8	320.8	320.8	320.8	320.8
合计		工时	388.5	388.9	389.3	389.7	390.1
零星材料费		%	3	3	3	3	3
高压水泵	22 kW	台时	445.20	445.20	445.20	445.20	445.20
水枪	Φ65 mm	台时	1007.58	1009.02	1010.45	1011.88	1013.30
泥浆泵	22 kW	台时	445.20	445.20	445.20	445.20	445.20
排泥管	Φ150 mm	百米时	890.40	890.40	890.40	890.40	890.40
泥浆泵	100 kW	台时	156.24	158.16	160.07	161.97	163.86
高压水泵	7.5 kW	台时	117.18	118.62	120.05	121.48	122.90
排泥管	Φ300 mm×4000 mm	根时	82689.00	84184.71	85680.42	87176.13	88671.84
编号			HF8299	HF8300	HF8301	HF8302	HF8303

续表

项目	单位	排泥管线长度（m）				
		6100	6200	6300	6400	6500
工长	工时	7.0	7.0	7.0	7.0	7.0
高级工	工时					
中级工	工时	62.7	63.1	63.5	63.9	64.3
初级工	工时	320.8	320.8	320.8	320.8	320.8
合计	工时	390.5	390.9	391.3	391.7	392.1
零星材料费	%	3	3	3	3	3
高压水泵 22 kW	台时	445.20	445.20	445.20	445.20	445.20
水枪 Φ65 mm	台时	1014.71	1016.11	1017.50	1018.89	1020.27
泥浆泵 22 kW	台时	445.20	445.20	445.20	445.20	445.20
排泥管 Φ150 mm	百米时	890.40	890.40	890.40	890.40	890.40
泥浆泵 100 kW	台时	165.74	167.61	169.47	171.32	173.16
高压水泵 7.5 kW	台时	124.31	125.71	127.10	128.49	129.87
排泥管 Φ300 mm×4000 mm	根时	90167.55	91663.26	93158.97	94654.68	96150.39
编号		HF8304	HF8305	HF8306	HF8307	HF8308

续表

项目	单位	排泥管线长度（m）				
		6600	6700	6800	6900	7000
工长	工时	7.0	7.0	7.0	7.0	7.0
高级工	工时					
中级工	工时	64.7	65.1	65.5	65.9	66.3
初级工	工时	320.8	320.8	320.8	320.8	320.8
合计	工时	392.5	392.9	393.3	393.7	394.1
零星材料费	%	3	3	3	3	3
高压水泵 22 kW	台时	445.20	445.20	445.20	445.20	445.20
水枪 Φ65 mm	台时	1021.64	1023.01	1024.37	1025.72	1027.06
泥浆泵 22 kW	台时	445.20	445.20	445.20	445.20	445.20
排泥管 Φ150 mm	百米时	890.40	890.40	890.40	890.40	890.40
泥浆泵 100 kW	台时	174.99	176.81	178.62	180.42	182.21
高压水泵 7.5 kW	台时	131.24	132.61	133.97	135.32	136.66
排泥管 Φ300 mm×4000 mm	根时	97646.10	99141.81	100637.52	102133.23	103628.94
编号		HF8309	HF8310	HF8311	HF8312	HF8313

续表

项目	单位	排泥管线长度（m）				
		7100	7200	7300	7400	7500
工长	工时	7.0	7.0	7.0	7.0	7.0
高级工	工时					
中级工	工时	66.7	67.1	67.5	67.9	68.3
初级工	工时	320.8	320.8	320.8	320.8	320.8
合计	工时	394.5	394.9	395.3	395.7	396.1
零星材料费	%	3	3	3	3	3
高压水泵 22 kW	台时	445.20	445.20	445.20	445.20	445.20
水枪 Φ65 mm	台时	1028.39	1029.72	1031.04	1032.35	1033.70
泥浆泵 22 kW	台时	445.20	445.20	445.20	445.20	445.20
排泥管 Φ150 mm	百米时	890.40	890.40	890.40	890.40	890.40
泥浆泵 100 kW	台时	183.99	185.76	187.52	189.27	191.06
高压水泵 7.5 kW	台时	137.99	139.32	140.64	141.95	143.30
排泥管 Φ300 mm×4000 mm	根时	105124.65	106620.36	108116.07	109611.78	111107.49
编号		HF8314	HF8315	HF8316	HF8317	HF8318

续表

项目	单位	排泥管线长度（m）				
		7600	7700	7800	7900	8000
工长	工时	7.0	7.0	7.0	7.0	7.0
高级工	工时					
中级工	工时	68.7	69.1	69.5	69.9	70.3
初级工	工时	320.8	320.8	320.8	320.8	320.8
合计	工时	396.5	396.9	397.3	397.7	398.1
零星材料费	%	3	3	3	3	3
高压水泵 22 kW	台时	445.20	445.20	445.20	445.20	445.20
水枪 Φ65 mm	台时	1035.18	1036.66	1038.13	1039.59	1041.05
泥浆泵 22 kW	台时	445.20	445.20	445.20	445.20	445.20
排泥管 Φ150 mm	百米时	890.40	890.40	890.40	890.40	890.40
泥浆泵 100 kW	台时	193.04	195.01	196.97	198.92	200.86
高压水泵 7.5 kW	台时	144.78	146.26	147.73	149.19	150.65
排泥管 Φ300 mm×4000 mm	根时	112603.20	114098.91	115594.62	117090.33	118586.04
编号		HF8319	HF8320	HF8321	HF8322	HF8323

续表

项目	单位	排泥管线长度（m）				
		8100	8200	8300	8400	8500
工长	工时	7.0	7.0	7.0	7.0	7.0
高级工	工时					
中级工	工时	70.7	71.1	71.5	71.9	72.3
初级工	工时	320.8	320.8	320.8	320.8	320.8
合计	工时	398.5	398.9	399.3	399.7	400.1
零星材料费	%	3	3	3	3	3
高压水泵 22 kW	台时	445.20	445.20	445.20	445.20	445.20
水枪 Φ65 mm	台时	1042.49	1043.93	1045.37	1046.79	1048.21
泥浆泵 22 kW	台时	445.20	445.20	445.20	445.20	445.20
排泥管 Φ150 mm	百米时	890.40	890.40	890.40	890.40	890.40
泥浆泵 100 kW	台时	202.79	204.71	206.62	208.52	210.41
高压水泵 7.5 kW	台时	152.09	153.53	154.97	156.39	157.81
排泥管 Φ300 mm×4000 mm	根时	120081.75	121577.46	123073.17	124568.88	126064.59
编号		HF8324	HF8325	HF8326	HF8327	HF8328

续表

项目	单位	排泥管线长度（m）				
		8600	8700	8800	8900	9000
工长	工时	7.0	7.0	7.0	7.0	7.0
高级工	工时					
中级工	工时	72.7	73.1	73.5	73.9	74.3
初级工	工时	320.8	320.8	320.8	320.8	320.8
合计	工时	400.5	400.9	401.3	401.7	402.1
零星材料费	%	3	3	3	3	3
高压水泵 22 kW	台时	445.20	445.20	445.20	445.20	445.20
水枪 Φ65 mm	台时	1049.62	1051.02	1052.42	1053.80	1055.18
泥浆泵 22 kW	台时	445.20	445.20	445.20	445.20	445.20
排泥管 Φ150 mm	百米时	890.40	890.40	890.40	890.40	890.40
泥浆泵 100 kW	台时	212.29	214.16	216.02	217.87	219.71
高压水泵 7.5 kW	台时	159.22	160.62	162.02	163.40	164.78
排泥管 Φ300 mm×4000 mm	根时	127560.30	129056.01	130551.72	132047.43	133543.14
编号		HF8329	HF8330	HF8331	HF8332	HF8333

续表

项目	单位	排泥管线长度（m）				
		9100	9200	9300	9400	9500
工长	工时	7.0	7.0	7.0	7.0	7.0
高级工	工时					
中级工	工时	74.7	75.1	75.5	75.9	76.3
初级工	工时	320.8	320.8	320.8	320.8	320.8
合计	工时	402.5	402.9	403.3	403.7	404.1
零星材料费	%	3	3	3	3	3
高压水泵 22 kW	台时	445.20	445.20	445.20	445.20	445.20
水枪 Φ65 mm	台时	1056.56	1057.92	1059.28	1060.63	1061.97
泥浆泵 22 kW	台时	445.20	445.20	445.20	445.20	445.20
排泥管 Φ150 mm	百米时	890.40	890.40	890.40	890.40	890.40
泥浆泵 100 kW	台时	221.54	223.36	225.17	226.97	228.76
高压水泵 7.5 kW	台时	166.16	167.52	168.88	170.23	171.57
排泥管 Φ300 mm×4000 mm	根时	135038.85	136534.56	138030.27	139525.98	141021.69
编号		HF8334	HF8335	HF8336	HF8337	HF8338

续表

项目	单位	排泥管线长度（m）				
		9600	9700	9800	9900	10000
工长	工时	7.0	7.0	7.0	7.0	7.0
高级工	工时					
中级工	工时	76.7	77.1	77.5	77.9	78.3
初级工	工时	320.8	320.8	320.8	320.8	320.8
合计	工时	404.5	404.9	405.3	405.7	406.1
零星材料费	%	3	3	3	3	3
高压水泵 22 kW	台时	445.20	445.20	445.20	445.20	445.20
水枪 Φ65 mm	台时	1063.31	1064.63	1065.95	1067.27	1068.60
泥浆泵 22 kW	台时	445.20	445.20	445.20	445.20	445.20
排泥管 Φ150 mm	百米时	890.40	890.40	890.40	890.40	890.40
泥浆泵 100 kW	台时	230.54	232.31	234.07	235.82	237.60
高压水泵 7.5 kW	台时	172.91	174.23	175.55	176.87	178.20
排泥管 Φ300 mm×4000 mm	根时	142517.40	144013.11	145508.82	147004.53	148500.00
编号		HF8339	HF8340	HF8341	HF8342	HF8343

续表

项目	单位	排泥管线长度（m）				
		10100	10200	10300	10400	10500
工长	工时	7.0	7.0	7.0	7.0	7.0
高级工	工时					
中级工	工时	78.7	79.1	79.5	79.9	80.3
初级工	工时	320.8	320.8	320.8	320.8	320.8
合计	工时	406.5	406.9	407.3	407.7	408.1
零星材料费	%	3	3	3	3	3
高压水泵 22 kW	台时	445.20	445.20	445.20	445.20	445.20
水枪 Φ65 mm	台时	1069.93	1071.26	1072.59	1073.92	1075.25
泥浆泵 22 kW	台时	445.20	445.20	445.20	445.20	445.20
排泥管 Φ150 mm	百米时	890.40	890.40	890.40	890.40	890.40
泥浆泵 100 kW	台时	239.38	241.16	242.94	244.72	246.50
高压水泵 7.5 kW	台时	179.53	180.86	182.19	183.52	184.85
排泥管 Φ300 mm×4000 mm	根时	149995.47	151490.94	152986.41	154481.88	155977.35
编号		HF8344	HF8345	HF8346	HF8347	HF8348

续表

项目	单位	排泥管线长度（m）				
		10600	10700	10800	10900	11000
工长	工时	7.0	7.0	7.0	7.0	7.0
高级工	工时					
中级工	工时	80.7	81.1	81.5	81.9	82.3
初级工	工时	320.8	320.8	320.8	320.8	320.8
合计	工时	408.5	408.9	409.3	409.7	410.1
零星材料费	%	3	3	3	3	3
高压水泵 22 kW	台时	445.20	445.20	445.20	445.20	445.20
水枪 Φ65 mm	台时	1076.58	1077.91	1079.24	1080.57	1081.90
泥浆泵 22 kW	台时	445.20	445.20	445.20	445.20	445.20
排泥管 Φ150 mm	百米时	890.40	890.40	890.40	890.40	890.40
泥浆泵 100 kW	台时	248.28	250.06	251.84	253.62	255.40
高压水泵 7.5 kW	台时	186.18	187.51	188.84	190.17	191.50
排泥管 Φ300 mm×4000 mm	根时	157472.82	158968.29	160463.76	161959.23	163454.70
编号		HF8349	HF8350	HF8351	HF8352	HF8353

续表

项目	单位	排泥管线长度（m）				
		11100	11200	11300	11400	11500
工长	工时	7.0	7.0	7.0	7.0	7.0
高级工	工时					
中级工	工时	82.7	83.1	83.5	83.9	84.3
初级工	工时	320.8	320.8	320.8	320.8	320.8
合计	工时	410.5	410.9	411.3	411.7	412.1
零星材料费	%	3	3	3	3	3
高压水泵 22 kW	台时	445.20	445.20	445.20	445.20	445.20
水枪 Φ65 mm	台时	1083.23	1084.56	1085.89	1087.22	1088.55
泥浆泵 22 kW	台时	445.20	445.20	445.20	445.20	445.20
排泥管 Φ150 mm	百米时	890.40	890.40	890.40	890.40	890.40
泥浆泵 100 kW	台时	257.18	258.96	260.74	262.52	264.30
高压水泵 7.5 kW	台时	192.83	194.16	195.49	196.82	198.15
排泥管 Φ300 mm×4000 mm	根时	164950.17	166445.64	167941.11	169436.58	170932.05
编号		HF8354	HF8355	HF8356	HF8357	HF8358

续表

项目	单位	排泥管线长度（m）				
		11600	11700	11800	11900	12000
工长	工时	7.0	7.0	7.0	7.0	7.0
高级工	工时					
中级工	工时	84.7	85.1	85.5	85.9	86.3
初级工	工时	320.8	320.8	320.8	320.8	320.8
合计	工时	412.5	412.9	413.3	413.7	414.1
零星材料费	%	3	3	3	3	3
高压水泵 22 kW	台时	445.20	445.20	445.20	445.20	445.20
水枪 Φ65 mm	台时	1089.88	1091.21	1092.54	1093.87	1095.20
泥浆泵 22 kW	台时	445.20	445.20	445.20	445.20	445.20
排泥管 Φ150 mm	百米时	890.40	890.40	890.40	890.40	890.40
泥浆泵 100 kW	台时	266.08	267.86	269.64	271.42	273.20
高压水泵 7.5 kW	台时	199.48	200.81	202.14	203.47	204.80
排泥管 Φ300 mm×4000 mm	根时	172427.52	173922.99	175418.46	176913.93	178409.40
编号		HF8359	HF8360	HF8361	HF8362	HF8363

八 - 3 136 kW组合泵

工作内容：水力冲挖机组开工展布、水力冲挖、吸排泥、作业面转移及收工集合；修集浆池、加压泥浆泵排泥、淤区内作业面移位等作业及其他各种辅助作业。

（1） Ⅰ类土

单位：10000 m³

项目	单位	排泥管线长度（m）				
		≤600	700	800	900	1000
工长	工时	6.0	6.0	6.0	6.0	6.0
高级工	工时					
中级工	工时	29.2	29.5	29.8	30.1	30.4
初级工	工时	222.3	222.3	222.3	222.3	222.3
合计	工时	257.5	257.8	258.1	258.4	258.7
零星材料费	%	3	3	3	3	3
高压水泵 22 kW	台时	251.53	251.53	251.53	251.53	251.53
水枪 Φ65 mm	台时	535.79	537.18	538.56	539.93	541.29
泥浆泵 22 kW	台时	251.53	251.53	251.53	251.53	251.53
排泥管 Φ150 mm	百米时	503.05	503.05	503.05	503.05	503.05
泥浆泵 136 kW	台时	43.65	45.51	47.34	49.17	50.98
高压水泵 7.5 kW	台时	32.74	34.13	35.51	36.88	38.24
排泥管 Φ300 mm×4000 mm	根时	6547.50	7790.88	9034.26	10277.64	11521.02
编号		HF8364	HF8365	HF8366	HF8367	HF8368

续表

项目	单位	排泥管线长度（m）				
		1100	1200	1300	1400	1500
工长	工时	6.0	6.0	6.0	6.0	6.0
高级工	工时					
中级工	工时	30.7	31.0	31.3	31.6	31.9
初级工	工时	222.3	222.3	222.3	222.3	222.3
合计	工时	259.0	259.3	259.6	259.9	260.2
零星材料费	%	3	3	3	3	3
高压水泵 22 kW	台时	251.53	251.53	251.53	251.53	251.53
水枪 Φ65 mm	台时	542.63	543.95	545.25	545.64	546.87
泥浆泵 22 kW	台时	251.53	251.53	251.53	251.53	251.53
排泥管 Φ150 mm	百米时	503.05	503.05	503.05	503.05	503.05
泥浆泵 136 kW	台时	52.77	54.53	56.26	56.78	58.43
高压水泵 7.5 kW	台时	39.58	40.90	42.20	42.59	43.82
排泥管 Φ300 mm×4000 mm	根时	12764.40	14007.78	15251.16	16494.54	17737.92
编号		HF8369	HF8370	HF8371	HF8372	HF8373

续表

项目	单位	排泥管线长度（m）				
		1600	1700	1800	1900	2000
工长	工时	6.0	6.0	6.0	6.0	6.0
高级工	工时					
中级工	工时	32.2	32.5	32.8	33.1	33.4
初级工	工时	222.3	222.3	222.3	222.3	222.3
合计	工时	260.5	260.8	261.1	261.4	261.7
零星材料费	%	3	3	3	3	3
高压水泵 22 kW	台时	251.53	251.53	251.53	251.53	251.53
水枪 Φ65 mm	台时	548.08	549.25	550.38	551.46	552.51
泥浆泵 22 kW	台时	251.53	251.53	251.53	251.53	251.53
排泥管 Φ150 mm	百米时	503.05	503.05	503.05	503.05	503.05
泥浆泵 136 kW	台时	60.04	61.60	63.10	64.55	65.94
高压水泵 7.5 kW	台时	45.03	46.20	47.33	48.41	49.46
排泥管 Φ300 mm×4000 mm	根时	18981.30	20224.68	21468.06	22711.44	23954.82
编号		HF8374	HF8375	HF8376	HF8377	HF8378

续表

项目	单位	排泥管线长度（m）				
		2100	2200	2300	2400	2500
工长	工时	6.0	6.0	6.0	6.0	6.0
高级工	工时					
中级工	工时	33.7	34.0	34.3	34.6	34.9
初级工	工时	222.3	222.3	222.3	222.3	222.3
合计	工时	262.0	262.3	262.6	262.9	263.2
零星材料费	%	3	3	3	3	3
高压水泵 22 kW	台时	251.53	251.53	251.53	251.53	251.53
水枪 Φ65 mm	台时	553.50	555.48	556.71	557.94	559.17
泥浆泵 22 kW	台时	251.53	251.53	251.53	251.53	251.53
排泥管 Φ150 mm	百米时	503.05	503.05	503.05	503.05	503.05
泥浆泵 136 kW	台时	67.27	69.91	71.55	73.19	74.83
高压水泵 7.5 kW	台时	50.45	52.43	53.66	54.89	56.12
排泥管 Φ300 mm×4000 mm	根时	25198.20	26441.58	27684.96	28928.34	30171.72
编号		HF8379	HF8380	HF8381	HF8382	HF8383

续表

项目		单位	排泥管线长度（m）				
			2600	2700	2800	2900	3000
工长		工时	6.0	6.0	6.0	6.0	6.0
高级工		工时					
中级工		工时	35.2	35.5	35.8	36.1	36.4
初级工		工时	222.3	222.3	222.3	222.3	222.3
合计		工时	263.5	263.8	264.1	264.4	264.7
零星材料费		%	3	3	3	3	3
高压水泵	22 kW	台时	251.53	251.53	251.53	251.53	251.53
水枪	Φ65 mm	台时	560.40	561.63	562.86	564.09	565.32
泥浆泵	22 kW	台时	251.53	251.53	251.53	251.53	251.53
排泥管	Φ150 mm	百米时	503.05	503.05	503.05	503.05	503.05
泥浆泵	136 kW	台时	76.47	78.11	79.75	81.39	83.03
高压水泵	7.5 kW	台时	57.35	58.58	59.81	61.04	62.27
排泥管	Φ300 mm×4000 mm	根时	31415.10	32658.48	33901.86	35145.24	36388.62
编号			HF8384	HF8385	HF8386	HF8387	HF8388

续表

项目	单位	排泥管线长度（m）				
		3100	3200	3300	3400	3500
工长	工时	6.0	6.0	6.0	6.0	6.0
高级工	工时					
中级工	工时	36.7	37.0	37.3	37.6	37.9
初级工	工时	222.3	222.3	222.3	222.3	222.3
合计	工时	265.0	265.3	265.6	265.9	266.2
零星材料费	%	3	3	3	3	3
高压水泵 22 kW	台时	251.53	251.53	251.53	251.53	251.53
水枪 Φ65 mm	台时	566.78	568.15	569.57	570.90	572.28
泥浆泵 22 kW	台时	251.53	251.53	251.53	251.53	251.53
排泥管 Φ150 mm	百米时	503.05	503.05	503.05	503.05	503.05
泥浆泵 136 kW	台时	84.97	86.80	88.69	90.47	92.30
高压水泵 7.5 kW	台时	63.73	65.10	66.52	67.85	69.23
排泥管 Φ300 mm×4000 mm	根时	37632.00	38875.38	40118.76	41362.14	42605.52
编号		HF8389	HF8390	HF8391	HF8392	HF8393

续表

项目	单位	排泥管线长度（m）				
		3600	3700	3800	3900	4000
工长	工时	6.0	6.0	6.0	6.0	6.0
高级工	工时					
中级工	工时	38.2	38.5	38.8	39.1	39.4
初级工	工时	222.3	222.3	222.3	222.3	222.3
合计	工时	266.5	266.8	267.1	267.4	267.7
零星材料费	%	3	3	3	3	3
高压水泵 22 kW	台时	251.53	251.53	251.53	251.53	251.53
水枪 Φ65 mm	台时	573.57	574.91	576.17	577.46	578.67
泥浆泵 22 kW	台时	251.53	251.53	251.53	251.53	251.53
排泥管 Φ150 mm	百米时	503.05	503.05	503.05	503.05	503.05
泥浆泵 136 kW	台时	94.03	95.81	97.49	99.21	100.83
高压水泵 7.5 kW	台时	70.52	71.86	73.12	74.41	75.62
排泥管 Φ300 mm×4000 mm	根时	43848.90	45092.28	46335.66	47579.04	48822.42
编号		HF8394	HF8395	HF8396	HF8397	HF8398

续表

项目	单位	排泥管线长度（m）				
		4100	4200	4300	4400	4500
工长	工时	6.0	6.0	6.0	6.0	6.0
高级工	工时					
中级工	工时	39.7	40.0	40.3	40.6	40.9
初级工	工时	222.3	222.3	222.3	222.3	222.3
合计	工时	268.0	268.3	268.6	268.9	269.2
零星材料费	%	3	3	3	3	3
高压水泵 22 kW	台时	251.53	251.53	251.53	251.53	251.53
水枪 Φ65 mm	台时	579.92	581.09	582.28	583.41	584.55
泥浆泵 22 kW	台时	251.53	251.53	251.53	251.53	251.53
排泥管 Φ150 mm	百米时	503.05	503.05	503.05	503.05	503.05
泥浆泵 136 kW	台时	102.49	104.05	105.64	107.14	108.66
高压水泵 7.5 kW	台时	76.87	78.04	79.23	80.36	81.50
排泥管 Φ300 mm×4000 mm	根时	50065.80	51309.18	52552.56	53795.94	55039.32
编号		HF8399	HF8400	HF8401	HF8402	HF8403

续表

项目	单位	排泥管线长度（m）				
		4600	4700	4800	4900	5000
工长	工时	6.0	6.0	6.0	6.0	6.0
高级工	工时					
中级工	工时	41.2	41.5	41.8	42.1	42.4
初级工	工时	222.3	222.3	222.3	222.3	222.3
合计	工时	269.5	269.8	270.1	270.4	270.7
零星材料费	%	3	3	3	3	3
高压水泵 22 kW	台时	251.53	251.53	251.53	251.53	251.53
水枪 Φ65 mm	台时	585.63	586.71	587.75	588.79	589.80
泥浆泵 22 kW	台时	251.53	251.53	251.53	251.53	251.53
排泥管 Φ150 mm	百米时	503.05	503.05	503.05	503.05	503.05
泥浆泵 136 kW	台时	110.10	111.55	112.93	114.32	115.66
高压水泵 7.5 kW	台时	82.58	83.66	84.70	85.74	86.75
排泥管 Φ300 mm×4000 mm	根时	56282.70	57526.08	58769.46	60012.84	61256.22
编号		HF8404	HF8405	HF8406	HF8407	HF8408

续表

项目	单位	排泥管线长度（m）				
		5100	5200	5300	5400	5500
工长	工时	6.0	6.0	6.0	6.0	6.0
高级工	工时					
中级工	工时	42.7	43.0	43.3	43.6	43.9
初级工	工时	222.3	222.3	222.3	222.3	222.3
合计	工时	271.0	271.3	271.6	271.9	272.2
零星材料费	%	3	3	3	3	3
高压水泵 22 kW	台时	251.53	251.53	251.53	251.53	251.53
水枪 Φ65 mm	台时	591.06	592.33	593.48	594.86	596.08
泥浆泵 22 kW	台时	251.53	251.53	251.53	251.53	251.53
排泥管 Φ150 mm	百米时	503.05	503.05	503.05	503.05	503.05
泥浆泵 136 kW	台时	117.35	119.04	120.57	122.41	124.04
高压水泵 7.5 kW	台时	88.01	89.28	90.43	91.81	93.03
排泥管 Φ300 mm×4000 mm	根时	62499.60	63742.98	64986.36	66229.74	67473.12
编号		HF8409	HF8410	HF8411	HF8412	HF8413

续表

项目	单位	排泥管线长度（m）				
		5600	5700	5800	5900	6000
工长	工时	6.0	6.0	6.0	6.0	6.0
高级工	工时					
中级工	工时	44.2	44.5	44.8	45.1	45.4
初级工	工时	222.3	222.3	222.3	222.3	222.3
合计	工时	272.5	272.8	273.1	273.4	273.7
零星材料费	%	3	3	3	3	3
高压水泵 22 kW	台时	251.53	251.53	251.53	251.53	251.53
水枪 Φ65 mm	台时	597.39	598.78	600.12	601.40	602.74
泥浆泵 22 kW	台时	251.53	251.53	251.53	251.53	251.53
排泥管 Φ150 mm	百米时	503.05	503.05	503.05	503.05	503.05
泥浆泵 136 kW	台时	125.79	127.64	129.43	131.13	132.92
高压水泵 7.5 kW	台时	94.34	95.73	97.07	98.35	99.69
排泥管 Φ300 mm×4000 mm	根时	68716.50	69959.88	71203.26	72446.64	73690.02
编号		HF8414	HF8415	HF8416	HF8417	HF8418

续表

项　　目	单位	排泥管线长度（m）				
		6100	6200	6300	6400	6500
工　　长	工时	6.0	6.0	6.0	6.0	6.0
高 级 工	工时					
中 级 工	工时	45.7	46.0	46.3	46.6	46.9
初 级 工	工时	222.3	222.3	222.3	222.3	222.3
合　　计	工时	274.0	274.3	274.6	274.9	275.2
零星材料费	%	3	3	3	3	3
高压水泵　22 kW	台时	251.53	251.53	251.53	251.53	251.53
水　　枪　Φ65 mm	台时	604.04	605.28	606.58	607.83	609.03
泥 浆 泵　22 kW	台时	251.53	251.53	251.53	251.53	251.53
排 泥 管　Φ150 mm	百米时	503.05	503.05	503.05	503.05	503.05
泥 浆 泵　136 kW	台时	134.65	136.31	138.04	139.70	141.30
高压水泵　7.5 kW	台时	100.99	102.23	103.53	104.78	105.98
排 泥 管　Φ300 mm×4000 mm	根时	74933.40	76176.78	77420.16	78663.54	79906.92
编　　号		HF8419	HF8420	HF8421	HF8422	HF8423

续表

项目	单位	排泥管线长度（m）				
		6600	6700	6800	6900	7000
工长	工时	6.0	6.0	6.0	6.0	6.0
高级工	工时					
中级工	工时	47.2	47.5	47.8	48.1	48.4
初级工	工时	222.3	222.3	222.3	222.3	222.3
合计	工时	275.5	275.8	276.1	276.4	276.7
零星材料费	%	3	3	3	3	3
高压水泵 22 kW	台时	251.53	251.53	251.53	251.53	251.53
水枪 Φ65 mm	台时	610.27	611.46	612.63	613.82	614.96
泥浆泵 22 kW	台时	251.53	251.53	251.53	251.53	251.53
排泥管 Φ150 mm	百米时	503.05	503.05	503.05	503.05	503.05
泥浆泵 136 kW	台时	142.96	144.55	146.10	147.69	149.21
高压水泵 7.5 kW	台时	107.22	108.41	109.58	110.77	111.91
排泥管 Φ300 mm×4000 mm	根时	81150.30	82393.68	83637.06	84880.44	86123.82
编号		HF8424	HF8425	HF8426	HF8427	HF8428

续表

项目	单位	排泥管线长度（m）				
		7100	7200	7300	7400	7500
工长	工时	6.0	6.0	6.0	6.0	6.0
高级工	工时					
中级工	工时	48.7	49.0	49.3	49.6	49.9
初级工	工时	222.3	222.3	222.3	222.3	222.3
合计	工时	277.0	277.3	277.6	277.9	278.2
零星材料费	%	3	3	3	3	3
高压水泵 22 kW	台时	251.53	251.53	251.53	251.53	251.53
水枪 Φ65 mm	台时	616.08	617.22	618.32	619.41	620.50
泥浆泵 22 kW	台时	251.53	251.53	251.53	251.53	251.53
排泥管 Φ150 mm	百米时	503.05	503.05	503.05	503.05	503.05
泥浆泵 136 kW	台时	150.71	152.23	153.69	155.14	156.60
高压水泵 7.5 kW	台时	113.03	114.17	115.27	116.36	117.45
排泥管 Φ300 mm×4000 mm	根时	87367.20	88610.58	89853.96	91097.34	92340.72
编号		HF8429	HF8430	HF8431	HF8432	HF8433

续表

项目	单位	排泥管线长度（m）				
		7600	7700	7800	7900	8000
工长	工时	6.0	6.0	6.0	6.0	6.0
高级工	工时					
中级工	工时	50.2	50.5	50.8	51.1	51.4
初级工	工时	222.3	222.3	222.3	222.3	222.3
合计	工时	278.5	278.8	279.1	279.4	279.7
零星材料费	%	3	3	3	3	3
高压水泵 22 kW	台时	251.53	251.53	251.53	251.53	251.53
水枪 Φ65 mm	台时	621.76	623.01	624.32	625.69	627.02
泥浆泵 22 kW	台时	251.53	251.53	251.53	251.53	251.53
排泥管 Φ150 mm	百米时	503.05	503.05	503.05	503.05	503.05
泥浆泵 136 kW	台时	158.28	159.95	161.69	163.52	165.29
高压水泵 7.5 kW	台时	118.71	119.96	121.27	122.64	123.97
排泥管 Φ300 mm×4000 mm	根时	93584.10	94827.48	96070.86	97314.24	98557.62
编号		HF8434	HF8435	HF8436	HF8437	HF8438

续表

项目	单位	排泥管线长度（m）				
		8100	8200	8300	8400	8500
工长	工时	6.0	6.0	6.0	6.0	6.0
高级工	工时					
中级工	工时	51.7	52.0	52.3	52.6	52.9
初级工	工时	222.3	222.3	222.3	222.3	222.3
合计	工时	280.0	280.3	280.6	280.9	281.2
零星材料费	%	3	3	3	3	3
高压水泵 22 kW	台时	251.53	251.53	251.53	251.53	251.53
水枪 Φ65 mm	台时	628.32	629.59	630.92	632.19	633.42
泥浆泵 22 kW	台时	251.53	251.53	251.53	251.53	251.53
排泥管 Φ150 mm	百米时	503.05	503.05	503.05	503.05	503.05
泥浆泵 136 kW	台时	167.02	168.72	170.49	172.19	173.83
高压水泵 7.5 kW	台时	125.27	126.54	127.87	129.14	130.37
排泥管 Φ300 mm×4000 mm	根时	99801.00	101044.38	102287.76	103531.14	104774.52
编号		HF8439	HF8440	HF8441	HF8442	HF8443

续表

项目	单位	排泥管线长度（m）				
		8600	8700	8800	8900	9000
工长	工时	6.0	6.0	6.0	6.0	6.0
高级工	工时					
中级工	工时	53.2	53.5	53.8	54.1	54.4
初级工	工时	222.3	222.3	222.3	222.3	222.3
合计	工时	281.5	281.8	282.1	282.4	282.7
零星材料费	%	3	3	3	3	3
高压水泵 22 kW	台时	251.53	251.53	251.53	251.53	251.53
水枪 Φ65 mm	台时	634.68	635.95	637.17	638.38	639.57
泥浆泵 22 kW	台时	251.53	251.53	251.53	251.53	251.53
排泥管 Φ150 mm	百米时	503.05	503.05	503.05	503.05	503.05
泥浆泵 136 kW	台时	175.50	177.20	178.83	180.44	182.03
高压水泵 7.5 kW	台时	131.63	132.90	134.12	135.33	136.52
排泥管 Φ300 mm×4000 mm	根时	106017.90	107261.28	108504.66	109748.04	110991.42
编号		HF8444	HF8445	HF8446	HF8447	HF8448

续表

项目	单位	排泥管线长度（m）				
		9100	9200	9300	9400	9500
工长	工时	6.0	6.0	6.0	6.0	6.0
高级工	工时					
中级工	工时	54.7	55.0	55.3	55.6	55.9
初级工	工时	222.3	222.3	222.3	222.3	222.3
合计	工时	283.0	283.3	283.6	283.9	284.2
零星材料费	%	3	3	3	3	3
高压水泵 22 kW	台时	251.53	251.53	251.53	251.53	251.53
水枪 Φ65 mm	台时	640.80	641.97	643.13	644.28	645.45
泥浆泵 22 kW	台时	251.53	251.53	251.53	251.53	251.53
排泥管 Φ150 mm	百米时	503.05	503.05	503.05	503.05	503.05
泥浆泵 136 kW	台时	183.66	185.22	186.77	188.31	189.87
高压水泵 7.5 kW	台时	137.75	138.92	140.08	141.23	142.40
排泥管 Φ300 mm×4000 mm	根时	112234.80	113478.18	114721.56	115964.94	117208.32
编号		HF8449	HF8450	HF8451	HF8452	HF8453

续表

项目	单位	排泥管线长度（m）				
		9600	9700	9800	9900	10000
工长	工时	6.0	6.0	6.0	6.0	6.0
高级工	工时					
中级工	工时	56.2	56.5	56.8	57.1	57.4
初级工	工时	222.3	222.3	222.3	222.3	222.3
合计	工时	284.5	284.8	285.1	285.4	285.7
零星材料费	%	3	3	3	3	3
高压水泵 22 kW	台时	251.53	251.53	251.53	251.53	251.53
水枪 Φ65 mm	台时	646.58	647.70	648.81	649.94	651.16
泥浆泵 22 kW	台时	251.53	251.53	251.53	251.53	251.53
排泥管 Φ150 mm	百米时	503.05	503.05	503.05	503.05	503.05
泥浆泵 136 kW	台时	191.37	192.86	194.35	195.85	197.48
高压水泵 7.5 kW	台时	143.53	144.65	145.76	146.89	148.11
排泥管 Φ300 mm×4000 mm	根时	118451.70	119695.08	120938.46	122181.84	123425.00
编号		HF8454	HF8455	HF8456	HF8457	HF8458

续表

项目	单位	排泥管线长度（m）				
		10100	10200	10300	10400	10500
工长	工时	6.0	6.0	6.0	6.0	6.0
高级工	工时					
中级工	工时	57.7	58.0	58.3	58.6	58.9
初级工	工时	222.3	222.3	222.3	222.3	222.3
合计	工时	286.0	286.3	286.6	286.9	287.2
零星材料费	%	3	3	3	3	3
高压水泵 22 kW	台时	251.53	251.53	251.53	251.53	251.53
水枪 Φ65 mm	台时	652.38	653.60	654.82	656.04	657.26
泥浆泵 22 kW	台时	251.53	251.53	251.53	251.53	251.53
排泥管 Φ150 mm	百米时	503.05	503.05	503.05	503.05	503.05
泥浆泵 136 kW	台时	199.11	200.74	202.37	204.00	205.63
高压水泵 7.5 kW	台时	149.33	150.55	151.77	152.99	154.21
排泥管 Φ300 mm×4000 mm	根时	124668.16	125911.32	127154.48	128397.64	129640.80
编号		HF8459	HF8460	HF8461	HF8462	HF8463

续表

项目	单位	排泥管线长度（m）				
		10600	10700	10800	10900	11000
工长	工时	6.0	6.0	6.0	6.0	6.0
高级工	工时					
中级工	工时	59.2	59.5	59.8	60.1	60.4
初级工	工时	222.3	222.3	222.3	222.3	222.3
合计	工时	287.5	287.8	288.1	288.4	288.7
零星材料费	%	3	3	3	3	3
高压水泵 22 kW	台时	251.53	251.53	251.53	251.53	251.53
水枪 Φ65 mm	台时	658.48	659.70	660.92	662.14	663.36
泥浆泵 22 kW	台时	251.53	251.53	251.53	251.53	251.53
排泥管 Φ150 mm	百米时	503.05	503.05	503.05	503.05	503.05
泥浆泵 136 kW	台时	207.26	208.89	210.52	212.15	213.78
高压水泵 7.5 kW	台时	155.43	156.65	157.87	159.09	160.31
排泥管 Φ300 mm×4000 mm	根时	130883.96	132127.12	133370.28	134613.44	135856.60
编号		HF8464	HF8465	HF8466	HF8467	HF8468

续表

项目	单位	排泥管线长度（m）				
		11100	11200	11300	11400	11500
工长	工时	6.0	6.0	6.0	6.0	6.0
高级工	工时					
中级工	工时	60.7	61.0	61.3	61.6	61.9
初级工	工时	222.3	222.3	222.3	222.3	222.3
合计	工时	289.0	289.3	289.6	289.9	290.2
零星材料费	%	3	3	3	3	3
高压水泵 22 kW	台时	251.53	251.53	251.53	251.53	251.53
水枪 Φ65 mm	台时	664.58	665.80	667.02	668.24	669.46
泥浆泵 22 kW	台时	251.53	251.53	251.53	251.53	251.53
排泥管 Φ150 mm	百米时	503.05	503.05	503.05	503.05	503.05
泥浆泵 136 kW	台时	215.41	217.04	218.67	220.30	221.93
高压水泵 7.5 kW	台时	161.53	162.75	163.97	165.19	166.41
排泥管 Φ300 mm×4000 mm	根时	137099.76	138342.92	139586.08	140829.24	142072.40
编号		HF8469	HF8470	HF8471	HF8472	HF8473

续表

项目	单位	排泥管线长度（m）				
		11600	11700	11800	11900	12000
工长	工时	6.0	6.0	6.0	6.0	6.0
高级工	工时					
中级工	工时	62.2	62.5	62.8	63.1	63.4
初级工	工时	222.3	222.3	222.3	222.3	222.3
合计	工时	290.5	290.8	291.1	291.4	291.7
零星材料费	%	3	3	3	3	3
高压水泵 22 kW	台时	251.53	251.53	251.53	251.53	251.53
水枪 Φ65 mm	台时	670.68	671.90	673.12	674.34	675.56
泥浆泵 22 kW	台时	251.53	251.53	251.53	251.53	251.53
排泥管 Φ150 mm	百米时	503.05	503.05	503.05	503.05	503.05
泥浆泵 136 kW	台时	223.56	225.19	226.82	228.45	230.08
高压水泵 7.5 kW	台时	167.63	168.85	170.07	171.29	172.51
排泥管 Φ300 mm×4000 mm	根时	143315.56	144558.72	145801.88	147045.04	148288.20
编号		HF8474	HF8475	HF8476	HF8477	HF8478

（2）Ⅱ类土

单位：10000 m^3

项目	单位	排泥管线长度（m）				
		≤600	700	800	900	1000
工长	工时	6.0	6.0	6.0	6.0	6.0
高级工	工时					
中级工	工时	32.7	33.0	33.3	33.6	33.9
初级工	工时	254.0	254.0	254.0	254.0	254.0
合计	工时	292.7	293.0	293.3	293.6	293.9
零星材料费	%	3	3	3	3	3
高压水泵 22 kW	台时	321.95	321.95	321.95	321.95	321.95
水枪 Φ65 mm	台时	676.64	678.03	679.41	680.78	682.14
泥浆泵 22 kW	台时	321.95	321.95	321.95	321.95	321.95
排泥管 Φ150 mm	百米时	643.90	643.90	643.90	643.90	643.90
泥浆泵 136 kW	台时	43.65	45.51	47.34	49.17	50.98
高压水泵 7.5 kW	台时	32.74	34.13	35.51	36.88	38.24
排泥管 Φ300 mm×4000 mm	根时	6547.50	7790.88	9034.26	10277.64	11521.02
编号		HF8479	HF8480	HF8481	HF8482	HF8483

续表

项目	单位	排泥管线长度（m）				
		1100	1200	1300	1400	1500
工长	工时	6.0	6.0	6.0	6.0	6.0
高级工	工时					
中级工	工时	34.2	34.5	34.8	35.1	35.4
初级工	工时	254.0	254.0	254.0	254.0	254.0
合计	工时	294.2	294.5	294.8	295.1	295.4
零星材料费	%	3	3	3	3	3
高压水泵 22 kW	台时	321.95	321.95	321.95	321.95	321.95
水枪 Φ65 mm	台时	683.48	684.80	686.10	686.49	687.72
泥浆泵 22 kW	台时	321.95	321.95	321.95	321.95	321.95
排泥管 Φ150 mm	百米时	643.90	643.90	643.90	643.90	643.90
泥浆泵 136 kW	台时	52.77	54.53	56.26	56.78	58.43
高压水泵 7.5 kW	台时	39.58	40.90	42.20	42.59	43.82
排泥管 Φ300 mm×4000 mm	根时	12764.40	14007.78	15251.16	16494.54	17737.92
编号		HF8484	HF8485	HF8486	HF8487	HF8488

续表

项目	单位	排泥管线长度（m）				
		1600	1700	1800	1900	2000
工长	工时	6.0	6.0	6.0	6.0	6.0
高级工	工时					
中级工	工时	35.7	36.0	36.3	36.6	36.9
初级工	工时	254.0	254.0	254.0	254.0	254.0
合计	工时	295.7	296.0	296.3	296.6	296.9
零星材料费	%	3	3	3	3	3
高压水泵 22 kW	台时	321.95	321.95	321.95	321.95	321.95
水枪 Φ65 mm	台时	688.93	690.10	691.23	692.31	693.36
泥浆泵 22 kW	台时	321.95	321.95	321.95	321.95	321.95
排泥管 Φ150 mm	百米时	643.90	643.90	643.90	643.90	643.90
泥浆泵 136 kW	台时	60.04	61.60	63.10	64.55	65.94
高压水泵 7.5 kW	台时	45.03	46.20	47.33	48.41	49.46
排泥管 Φ300 mm×4000 mm	根时	18981.30	20224.68	21468.06	22711.44	23954.82
编号		HF8489	HF8490	HF8491	HF8492	HF8493

续表

项目	单位	排泥管线长度（m）				
		2100	2200	2300	2400	2500
工长	工时	6.0	6.0	6.0	6.0	6.0
高级工	工时					
中级工	工时	37.2	37.5	37.8	38.1	38.4
初级工	工时	254.0	254.0	254.0	254.0	254.0
合计	工时	297.2	297.5	297.8	298.1	298.4
零星材料费	%	3	3	3	3	3
高压水泵 22 kW	台时	321.95	321.95	321.95	321.95	321.95
水枪 Φ65 mm	台时	694.35	696.33	697.56	698.79	700.02
泥浆泵 22 kW	台时	321.95	321.95	321.95	321.95	321.95
排泥管 Φ150 mm	百米时	643.90	643.90	643.90	643.90	643.90
泥浆泵 136 kW	台时	67.27	69.91	71.55	73.19	74.83
高压水泵 7.5 kW	台时	50.45	52.43	53.66	54.89	56.12
排泥管 Φ300 mm×4000 mm	根时	25198.20	26441.58	27684.96	28928.34	30171.72
编号		HF8494	HF8495	HF8496	HF8497	HF8498

续表

项　　目	单位	排泥管线长度（m）				
		2600	2700	2800	2900	3000
工　长	工时	6.0	6.0	6.0	6.0	6.0
高级工	工时					
中级工	工时	38.7	39.0	39.3	39.6	39.9
初级工	工时	254.0	254.0	254.0	254.0	254.0
合　计	工时	298.7	299.0	299.3	299.6	299.9
零星材料费	%	3	3	3	3	3
高压水泵　22 kW	台时	321.95	321.95	321.95	321.95	321.95
水　枪　Φ65 mm	台时	701.25	702.48	703.71	704.94	706.17
泥浆泵　22 kW	台时	321.95	321.95	321.95	321.95	321.95
排泥管　Φ150 mm	百米时	643.90	643.90	643.90	643.90	643.90
泥浆泵　136 kW	台时	76.47	78.11	79.75	81.39	83.03
高压水泵　7.5 kW	台时	57.35	58.58	59.81	61.04	62.27
排泥管　Φ300 mm×4000 mm	根时	31415.10	32658.48	33901.86	35145.24	36388.62
编　号		HF8499	HF8500	HF8501	HF8502	HF8503

续表

项目	单位	排泥管线长度（m）				
		3100	3200	3300	3400	3500
工长	工时	6.0	6.0	6.0	6.0	6.0
高级工	工时					
中级工	工时	40.2	40.5	40.8	41.1	41.4
初级工	工时	254.0	254.0	254.0	254.0	254.0
合计	工时	300.2	300.5	300.8	301.1	301.4
零星材料费	%	3	3	3	3	3
高压水泵 22 kW	台时	321.95	321.95	321.95	321.95	321.95
水枪 Φ65 mm	台时	707.63	709.00	710.42	711.75	713.13
泥浆泵 22 kW	台时	321.95	321.95	321.95	321.95	321.95
排泥管 Φ150 mm	百米时	643.90	643.90	643.90	643.90	643.90
泥浆泵 136 kW	台时	84.97	86.80	88.69	90.47	92.30
高压水泵 7.5 kW	台时	63.73	65.10	66.52	67.85	69.23
排泥管 Φ300 mm×4000 mm	根时	37632.00	38875.38	40118.76	41362.14	42605.52
编号		HF8504	HF8505	HF8506	HF8507	HF8508

续表

项目	单位	排泥管线长度（m）				
		3600	3700	3800	3900	4000
工长	工时	6.0	6.0	6.0	6.0	6.0
高级工	工时					
中级工	工时	41.7	42.0	42.3	42.6	42.9
初级工	工时	254.0	254.0	254.0	254.0	254.0
合计	工时	301.7	302.0	302.3	302.6	302.9
零星材料费	%	3	3	3	3	3
高压水泵 22 kW	台时	321.95	321.95	321.95	321.95	321.95
水枪 Φ65 mm	台时	714.42	715.76	717.02	718.31	719.52
泥浆泵 22 kW	台时	321.95	321.95	321.95	321.95	321.95
排泥管 Φ150 mm	百米时	643.90	643.90	643.90	643.90	643.90
泥浆泵 136 kW	台时	94.03	95.81	97.49	99.21	100.83
高压水泵 7.5 kW	台时	70.52	71.86	73.12	74.41	75.62
排泥管 Φ300 mm×4000 mm	根时	43848.90	45092.28	46335.66	47579.04	48822.42
编号		HF8509	HF8510	HF8511	HF8512	HF8513

续表

项目	单位	排泥管线长度（m）				
		4100	4200	4300	4400	4500
工长	工时	6.0	6.0	6.0	6.0	6.0
高级工	工时					
中级工	工时	43.2	43.5	43.8	44.1	44.4
初级工	工时	254.0	254.0	254.0	254.0	254.0
合计	工时	303.2	303.5	303.8	304.1	304.4
零星材料费	%	3	3	3	3	3
高压水泵 22 kW	台时	321.95	321.95	321.95	321.95	321.95
水枪 Φ65 mm	台时	720.77	721.94	723.13	724.26	725.40
泥浆泵 22 kW	台时	321.95	321.95	321.95	321.95	321.95
排泥管 Φ150 mm	百米时	643.90	643.90	643.90	643.90	643.90
泥浆泵 136 kW	台时	102.49	104.05	105.64	107.14	108.66
高压水泵 7.5 kW	台时	76.87	78.04	79.23	80.36	81.50
排泥管 Φ300 mm×4000 mm	根时	50065.80	51309.18	52552.56	53795.94	55039.32
编号		HF8514	HF8515	HF8516	HF8517	HF8518

续表

项目	单位	排泥管线长度（m）				
		4600	4700	4800	4900	5000
工长	工时	6.0	6.0	6.0	6.0	6.0
高级工	工时					
中级工	工时	44.7	45.0	45.3	45.6	45.9
初级工	工时	254.0	254.0	254.0	254.0	254.0
合计	工时	304.7	305.0	305.3	305.6	305.9
零星材料费	%	3	3	3	3	3
高压水泵 22 kW	台时	321.95	321.95	321.95	321.95	321.95
水枪 Φ65 mm	台时	726.48	727.56	728.60	729.64	730.65
泥浆泵 22 kW	台时	321.95	321.95	321.95	321.95	321.95
排泥管 Φ150 mm	百米时	643.90	643.90	643.90	643.90	643.90
泥浆泵 136 kW	台时	110.10	111.55	112.93	114.32	115.66
高压水泵 7.5 kW	台时	82.58	83.66	84.70	85.74	86.75
排泥管 Φ300 mm×4000 mm	根时	56282.70	57526.08	58769.46	60012.84	61256.22
编号		HF8519	HF8520	HF8521	HF8522	HF8523

续表

项目	单位	排泥管线长度（m）				
		5100	5200	5300	5400	5500
工长	工时	6.0	6.0	6.0	6.0	6.0
高级工	工时					
中级工	工时	46.2	46.5	46.8	47.1	47.4
初级工	工时	254.0	254.0	254.0	254.0	254.0
合计	工时	306.2	306.5	306.8	307.1	307.4
零星材料费	%	3	3	3	3	3
高压水泵 22 kW	台时	321.95	321.95	321.95	321.95	321.95
水枪 Φ65 mm	台时	731.91	733.18	734.33	735.71	736.93
泥浆泵 22 kW	台时	321.95	321.95	321.95	321.95	321.95
排泥管 Φ150 mm	百米时	643.90	643.90	643.90	643.90	643.90
泥浆泵 136 kW	台时	117.35	119.04	120.57	122.41	124.04
高压水泵 7.5 kW	台时	88.01	89.28	90.43	91.81	93.03
排泥管 Φ300 mm×4000 mm	根时	62499.60	63742.98	64986.36	66229.74	67473.12
编号		HF8524	HF8525	HF8526	HF8527	HF8528

续表

项目	单位	排泥管线长度（m）				
		5600	5700	5800	5900	6000
工长	工时	6.0	6.0	6.0	6.0	6.0
高级工	工时					
中级工	工时	47.7	48.0	48.3	48.6	48.9
初级工	工时	254.0	254.0	254.0	254.0	254.0
合计	工时	307.7	308.0	308.3	308.6	308.9
零星材料费	%	3	3	3	3	3
高压水泵 22 kW	台时	321.95	321.95	321.95	321.95	321.95
水枪 Φ65 mm	台时	738.24	739.63	740.97	742.25	743.59
泥浆泵 22 kW	台时	321.95	321.95	321.95	321.95	321.95
排泥管 Φ150 mm	百米时	643.90	643.90	643.90	643.90	643.90
泥浆泵 136 kW	台时	125.79	127.64	129.43	131.13	132.92
高压水泵 7.5 kW	台时	94.34	95.73	97.07	98.35	99.69
排泥管 Φ300 mm×4000 mm	根时	68716.50	69959.88	71203.26	72446.64	73690.02
编号		HF8529	HF8530	HF8531	HF8532	HF8533

续表

项目	单位	排泥管线长度（m）				
		6100	6200	6300	6400	6500
工长	工时	6.0	6.0	6.0	6.0	6.0
高级工	工时					
中级工	工时	49.2	49.5	49.8	50.1	50.4
初级工	工时	254.0	254.0	254.0	254.0	254.0
合计	工时	309.2	309.5	309.8	310.1	310.4
零星材料费	%	3	3	3	3	3
高压水泵 22 kW	台时	321.95	321.95	321.95	321.95	321.95
水枪 Φ65 mm	台时	744.89	746.13	747.43	748.68	749.88
泥浆泵 22 kW	台时	321.95	321.95	321.95	321.95	321.95
排泥管 Φ150 mm	百米时	643.90	643.90	643.90	643.90	643.90
泥浆泵 136 kW	台时	134.65	136.31	138.04	139.70	141.30
高压水泵 7.5 kW	台时	100.99	102.23	103.53	104.78	105.98
排泥管 Φ300 mm×4000 mm	根时	74933.40	76176.78	77420.16	78663.54	79906.92
编号		HF8534	HF8535	HF8536	HF8537	HF8538

续表

项目	单位	排泥管线长度（m）				
		6600	6700	6800	6900	7000
工长	工时	6.0	6.0	6.0	6.0	6.0
高级工	工时					
中级工	工时	50.7	51.0	51.3	51.6	51.9
初级工	工时	254.0	254.0	254.0	254.0	254.0
合计	工时	310.7	311.0	311.3	311.6	311.9
零星材料费	%	3	3	3	3	3
高压水泵 22 kW	台时	321.95	321.95	321.95	321.95	321.95
水枪 Φ65 mm	台时	751.12	752.31	753.48	754.67	755.81
泥浆泵 22 kW	台时	321.95	321.95	321.95	321.95	321.95
排泥管 Φ150 mm	百米时	643.90	643.90	643.90	643.90	643.90
泥浆泵 136 kW	台时	142.96	144.55	146.10	147.69	149.21
高压水泵 7.5 kW	台时	107.22	108.41	109.58	110.77	111.91
排泥管 Φ300 mm×4000 mm	根时	81150.30	82393.68	83637.06	84880.44	86123.82
编号		HF8539	HF8540	HF8541	HF8542	HF8543

续表

项目	单位	排泥管线长度（m）				
		7100	7200	7300	7400	7500
工长	工时	6.0	6.0	6.0	6.0	6.0
高级工	工时					
中级工	工时	52.2	52.5	52.8	53.1	53.4
初级工	工时	254.0	254.0	254.0	254.0	254.0
合计	工时	312.2	312.5	312.8	313.1	313.4
零星材料费	%	3	3	3	3	3
高压水泵 22 kW	台时	321.95	321.95	321.95	321.95	321.95
水枪 Φ65 mm	台时	756.93	758.07	759.17	760.26	761.35
泥浆泵 22 kW	台时	321.95	321.95	321.95	321.95	321.95
排泥管 Φ150 mm	百米时	643.90	643.90	643.90	643.90	643.90
泥浆泵 136 kW	台时	150.71	152.23	153.69	155.14	156.60
高压水泵 7.5 kW	台时	113.03	114.17	115.27	116.36	117.45
排泥管 Φ300 mm×4000 mm	根时	87367.20	88610.58	89853.96	91097.34	92340.72
编号		HF8544	HF8545	HF8546	HF8547	HF8548

续表

项目	单位	排泥管线长度（m）				
		7600	7700	7800	7900	8000
工长	工时	6.0	6.0	6.0	6.0	6.0
高级工	工时					
中级工	工时	53.7	54.0	54.3	54.6	54.9
初级工	工时	254.0	254.0	254.0	254.0	254.0
合计	工时	313.7	314.0	314.3	314.6	314.9
零星材料费	%	3	3	3	3	3
高压水泵 22 kW	台时	321.95	321.95	321.95	321.95	321.95
水枪 Φ65 mm	台时	762.61	763.86	765.17	766.54	767.87
泥浆泵 22 kW	台时	321.95	321.95	321.95	321.95	321.95
排泥管 Φ150 mm	百米时	643.90	643.90	643.90	643.90	643.90
泥浆泵 136 kW	台时	158.28	159.95	161.69	163.52	165.29
高压水泵 7.5 kW	台时	118.71	119.96	121.27	122.64	123.97
排泥管 Φ300 mm×4000 mm	根时	93584.10	94827.48	96070.86	97314.24	98557.62
编号		HF8549	HF8550	HF8551	HF8552	HF8553

续表

项目	单位	排泥管线长度（m）				
		8100	8200	8300	8400	8500
工长	工时	6.0	6.0	6.0	6.0	6.0
高级工	工时					
中级工	工时	55.2	55.5	55.8	56.1	56.4
初级工	工时	254.0	254.0	254.0	254.0	254.0
合计	工时	315.2	315.5	315.8	316.1	316.4
零星材料费	%	3	3	3	3	3
高压水泵 22 kW	台时	321.95	321.95	321.95	321.95	321.95
水枪 Φ65 mm	台时	769.17	770.44	771.77	773.04	774.27
泥浆泵 22 kW	台时	321.95	321.95	321.95	321.95	321.95
排泥管 Φ150 mm	百米时	643.90	643.90	643.90	643.90	643.90
泥浆泵 136 kW	台时	167.02	168.72	170.49	172.19	173.83
高压水泵 7.5 kW	台时	125.27	126.54	127.87	129.14	130.37
排泥管 Φ300 mm×4000 mm	根时	99801.00	101044.38	102287.76	103531.14	104774.52
编号		HF8554	HF8555	HF8556	HF8557	HF8558

续表

项　目	单位	排泥管线长度（m）				
		8600	8700	8800	8900	9000
工　长	工时	6.0	6.0	6.0	6.0	6.0
高级工	工时					
中级工	工时	56.7	57.0	57.3	57.6	57.9
初级工	工时	254.0	254.0	254.0	254.0	254.0
合　计	工时	316.7	317.0	317.3	317.6	317.9
零星材料费	%	3	3	3	3	3
高压水泵　22 kW	台时	321.95	321.95	321.95	321.95	321.95
水　枪　Φ65 mm	台时	775.53	776.80	778.02	779.23	780.42
泥浆泵　22 kW	台时	321.95	321.95	321.95	321.95	321.95
排泥管　Φ150 mm	百米时	643.90	643.90	643.90	643.90	643.90
泥浆泵　136 kW	台时	175.50	177.20	178.83	180.44	182.03
高压水泵　7.5 kW	台时	131.63	132.90	134.12	135.33	136.52
排泥管　Φ300 mm×4000 mm	根时	106017.90	107261.28	108504.66	109748.04	110991.42
编　号		HF8559	HF8560	HF8561	HF8562	HF8563

续表

项目	单位	排泥管线长度（m）				
		9100	9200	9300	9400	9500
工长	工时	6.0	6.0	6.0	6.0	6.0
高级工	工时					
中级工	工时	58.2	58.5	58.8	59.1	59.4
初级工	工时	254.0	254.0	254.0	254.0	254.0
合计	工时	318.2	318.5	318.8	319.1	319.4
零星材料费	%	3	3	3	3	3
高压水泵 22 kW	台时	321.95	321.95	321.95	321.95	321.95
水枪 Φ65 mm	台时	781.65	782.82	783.98	785.13	786.30
泥浆泵 22 kW	台时	321.95	321.95	321.95	321.95	321.95
排泥管 Φ150 mm	百米时	643.90	643.90	643.90	643.90	643.90
泥浆泵 136 kW	台时	183.66	185.22	186.77	188.31	189.87
高压水泵 7.5 kW	台时	137.75	138.92	140.08	141.23	142.40
排泥管 Φ300 mm×4000 mm	根时	112234.80	113478.18	114721.56	115964.94	117208.32
编号		HF8564	HF8565	HF8566	HF8567	HF8568

续表

项目	单位	排泥管线长度（m）				
		9600	9700	9800	9900	10000
工长	工时	6.0	6.0	6.0	6.0	6.0
高级工	工时					
中级工	工时	59.7	60.0	60.3	60.6	60.9
初级工	工时	254.0	254.0	254.0	254.0	254.0
合计	工时	319.7	320.0	320.3	320.6	320.9
零星材料费	%	3	3	3	3	3
高压水泵 22 kW	台时	321.95	321.95	321.95	321.95	321.95
水枪 Φ65 mm	台时	787.43	788.55	789.66	790.79	792.01
泥浆泵 22 kW	台时	321.95	321.95	321.95	321.95	321.95
排泥管 Φ150 mm	百米时	643.90	643.90	643.90	643.90	643.90
泥浆泵 136 kW	台时	191.37	192.86	194.35	195.85	197.48
高压水泵 7.5 kW	台时	143.53	144.65	145.76	146.89	148.11
排泥管 Φ300 mm×4000 mm	根时	118451.70	119695.08	120938.46	122181.84	123425.00
编号		HF8569	HF8570	HF8571	HF8572	HF8573

续表

项目	单位	排泥管线长度（m）				
		10100	10200	10300	10400	10500
工长	工时	6.0	6.0	6.0	6.0	6.0
高级工	工时					
中级工	工时	61.2	61.5	61.8	62.1	62.4
初级工	工时	254.0	254.0	254.0	254.0	254.0
合计	工时	321.2	321.5	321.8	322.1	322.4
零星材料费	%	3	3	3	3	3
高压水泵 22 kW	台时	321.95	321.95	321.95	321.95	321.95
水枪 Φ65 mm	台时	793.23	794.45	795.67	796.89	798.11
泥浆泵 22 kW	台时	321.95	321.95	321.95	321.95	321.95
排泥管 Φ150 mm	百米时	643.90	643.90	643.90	643.90	643.90
泥浆泵 136 kW	台时	199.11	200.74	202.37	204.00	205.63
高压水泵 7.5 kW	台时	149.33	150.55	151.77	152.99	154.21
排泥管 Φ300 mm×4000 mm	根时	124668.16	125911.32	127154.48	128397.64	129640.80
编号		HF8574	HF8575	HF8576	HF8577	HF8578

续表

项目	单位	排泥管线长度（m）				
		10600	10700	10800	10900	11000
工长	工时	6.0	6.0	6.0	6.0	6.0
高级工	工时					
中级工	工时	62.7	63.0	63.3	63.6	63.9
初级工	工时	254.0	254.0	254.0	254.0	254.0
合计	工时	322.7	323.0	323.3	323.6	323.9
零星材料费	%	3	3	3	3	3
高压水泵 22 kW	台时	321.95	321.95	321.95	321.95	321.95
水枪 Φ65 mm	台时	799.33	800.55	801.77	802.99	804.21
泥浆泵 22 kW	台时	321.95	321.95	321.95	321.95	321.95
排泥管 Φ150 mm	百米时	643.90	643.90	643.90	643.90	643.90
泥浆泵 136 kW	台时	207.26	208.89	210.52	212.15	213.78
高压水泵 7.5 kW	台时	155.43	156.65	157.87	159.09	160.31
排泥管 Φ300 mm×4000 mm	根时	130883.96	132127.12	133370.28	134613.44	135856.60
编号		HF8579	HF8580	HF8581	HF8582	HF8583

续表

项目	单位	排泥管线长度（m）				
		11100	11200	11300	11400	11500
工长	工时	6.0	6.0	6.0	6.0	6.0
高级工	工时					
中级工	工时	64.2	64.5	64.8	65.1	65.4
初级工	工时	254.0	254.0	254.0	254.0	254.0
合计	工时	324.2	324.5	324.8	325.1	325.4
零星材料费	%	3	3	3	3	3
高压水泵 22 kW	台时	321.95	321.95	321.95	321.95	321.95
水枪 Φ65 mm	台时	805.43	806.65	807.87	809.09	810.31
泥浆泵 22 kW	台时	321.95	321.95	321.95	321.95	321.95
排泥管 Φ150 mm	百米时	643.90	643.90	643.90	643.90	643.90
泥浆泵 136 kW	台时	215.41	217.04	218.67	220.30	221.93
高压水泵 7.5 kW	台时	161.53	162.75	163.97	165.19	166.41
排泥管 Φ300 mm×4000 mm	根时	137099.76	138342.92	139586.08	140829.24	142072.40
编号		HF8584	HF8585	HF8586	HF8587	HF8588

续表

项目	单位	排泥管线长度（m）				
		11600	11700	11800	11900	12000
工长	工时	6.0	6.0	6.0	6.0	6.0
高级工	工时					
中级工	工时	65.7	66.0	66.3	66.6	66.9
初级工	工时	254.0	254.0	254.0	254.0	254.0
合计	工时	325.7	326.0	326.3	326.6	326.9
零星材料费	%	3	3	3	3	3
高压水泵 22 kW	台时	321.95	321.95	321.95	321.95	321.95
水枪 Φ65 mm	台时	811.53	812.75	813.97	815.19	816.41
泥浆泵 22 kW	台时	321.95	321.95	321.95	321.95	321.95
排泥管 Φ150 mm	百米时	643.90	643.90	643.90	643.90	643.90
泥浆泵 136 kW	台时	223.56	225.19	226.82	228.45	230.08
高压水泵 7.5 kW	台时	167.63	168.85	170.07	171.29	172.51
排泥管 Φ300 mm×4000 mm	根时	143315.56	144558.72	145801.88	147045.04	148288.20
编号		HF8589	HF8590	HF8591	HF8592	HF8593

（3） Ⅲ类土

单位：10000 m^3

项目	单位	排泥管线长度（m）				
		≤600	700	800	900	1000
工长	工时	6.0	6.0	6.0	6.0	6.0
高级工	工时					
中级工	工时	38.9	39.2	39.5	39.8	40.1
初级工	工时	309.4	309.4	309.4	309.4	309.4
合计	工时	354.3	354.6	354.9	355.2	355.5
零星材料费	%	3	3	3	3	3
高压水泵 22 kW	台时	445.20	445.20	445.20	445.20	445.20
水枪 Φ65 mm	台时	923.14	924.53	925.91	927.28	928.64
泥浆泵 22 kW	台时	445.20	445.20	445.20	445.20	445.20
排泥管 Φ150 mm	百米时	890.40	890.40	890.40	890.40	890.40
泥浆泵 136 kW	台时	43.65	45.51	47.34	49.17	50.98
高压水泵 7.5 kW	台时	32.74	34.13	35.51	36.88	38.24
排泥管 Φ300 mm×4000 mm	根时	6547.50	7790.88	9034.26	10277.64	11521.02
编号		HF8594	HF8595	HF8596	HF8597	HF8598

续表

项目	单位	排泥管线长度（m）				
		1100	1200	1300	1400	1500
工长	工时	6.0	6.0	6.0	6.0	6.0
高级工	工时					
中级工	工时	40.4	40.7	41.0	41.3	41.6
初级工	工时	309.4	309.4	309.4	309.4	309.4
合计	工时	355.8	356.1	356.4	356.7	357.0
零星材料费	%	3	3	3	3	3
高压水泵 22 kW	台时	445.20	445.20	445.20	445.20	445.20
水枪 Φ65 mm	台时	929.98	931.30	932.60	932.99	934.22
泥浆泵 22 kW	台时	445.20	445.20	445.20	445.20	445.20
排泥管 Φ150 mm	百米时	890.40	890.40	890.40	890.40	890.40
泥浆泵 136 kW	台时	52.77	54.53	56.26	56.78	58.43
高压水泵 7.5 kW	台时	39.58	40.90	42.20	42.59	43.82
排泥管 Φ300 mm×4000 mm	根时	12764.40	14007.78	15251.16	16494.54	17737.92
编号		HF8599	HF8600	HF8601	HF8602	HF8603

续表

项目	单位	排泥管线长度（m）				
		1600	1700	1800	1900	2000
工长	工时	6.0	6.0	6.0	6.0	6.0
高级工	工时					
中级工	工时	41.9	42.2	42.5	42.8	43.1
初级工	工时	309.4	309.4	309.4	309.4	309.4
合计	工时	357.3	357.6	357.9	358.2	358.5
零星材料费	%	3	3	3	3	3
高压水泵 22 kW	台时	445.20	445.20	445.20	445.20	445.20
水枪 Φ65 mm	台时	935.43	936.60	937.73	938.81	939.86
泥浆泵 22 kW	台时	445.20	445.20	445.20	445.20	445.20
排泥管 Φ150 mm	百米时	890.40	890.40	890.40	890.40	890.40
泥浆泵 136 kW	台时	60.04	61.60	63.10	64.55	65.94
高压水泵 7.5 kW	台时	45.03	46.20	47.33	48.41	49.46
排泥管 Φ300 mm×4000 mm	根时	18981.30	20224.68	21468.06	22711.44	23954.82
编号		HF8604	HF8605	HF8606	HF8607	HF8608

续表

项目		单位	排泥管线长度（m）				
			2100	2200	2300	2400	2500
工长		工时	6.0	6.0	6.0	6.0	6.0
高级工		工时					
中级工		工时	43.4	43.7	44.0	44.3	44.6
初级工		工时	309.4	309.4	309.4	309.4	309.4
合计		工时	358.8	359.1	359.4	359.7	360.0
零星材料费		%	3	3	3	3	3
高压水泵	22 kW	台时	445.20	445.20	445.20	445.20	445.20
水枪	Φ65 mm	台时	940.85	942.83	944.06	945.29	946.52
泥浆泵	22 kW	台时	445.20	445.20	445.20	445.20	445.20
排泥管	Φ150 mm	百米时	890.40	890.40	890.40	890.40	890.40
泥浆泵	136 kW	台时	67.27	69.91	71.55	73.19	74.83
高压水泵	7.5 kW	台时	50.45	52.43	53.66	54.89	56.12
排泥管	Φ300 mm×4000 mm	根时	25198.20	26441.58	27684.96	28928.34	30171.72
编号			HF8609	HF8610	HF8611	HF8612	HF8613

续表

项目	单位	排泥管线长度（m）				
		2600	2700	2800	2900	3000
工长	工时	6.0	6.0	6.0	6.0	6.0
高级工	工时					
中级工	工时	44.9	45.2	45.5	45.8	46.1
初级工	工时	309.4	309.4	309.4	309.4	309.4
合计	工时	360.3	360.6	360.9	361.2	361.5
零星材料费	%	3	3	3	3	3
高压水泵 22 kW	台时	445.20	445.20	445.20	445.20	445.20
水枪 Φ65 mm	台时	947.75	948.98	950.21	951.44	952.67
泥浆泵 22 kW	台时	445.20	445.20	445.20	445.20	445.20
排泥管 Φ150 mm	百米时	890.40	890.40	890.40	890.40	890.40
泥浆泵 136 kW	台时	76.47	78.11	79.75	81.39	83.03
高压水泵 7.5 kW	台时	57.35	58.58	59.81	61.04	62.27
排泥管 Φ300 mm×4000 mm	根时	31415.10	32658.48	33901.86	35145.24	36388.62
编号		HF8614	HF8615	HF8616	HF8617	HF8618

续表

项目	单位	排泥管线长度（m）				
		3100	3200	3300	3400	3500
工长	工时	6.0	6.0	6.0	6.0	6.0
高级工	工时					
中级工	工时	46.4	46.7	47.0	47.3	47.6
初级工	工时	309.4	309.4	309.4	309.4	309.4
合计	工时	361.8	362.1	362.4	362.7	363.0
零星材料费	%	3	3	3	3	3
高压水泵 22 kW	台时	445.20	445.20	445.20	445.20	445.20
水枪 Φ65 mm	台时	954.13	955.50	956.92	958.25	959.63
泥浆泵 22 kW	台时	445.20	445.20	445.20	445.20	445.20
排泥管 Φ150 mm	百米时	890.40	890.40	890.40	890.40	890.40
泥浆泵 136 kW	台时	84.97	86.80	88.69	90.47	92.30
高压水泵 7.5 kW	台时	63.73	65.10	66.52	67.85	69.23
排泥管 Φ300 mm×4000 mm	根时	37632.00	38875.38	40118.76	41362.14	42605.52
编号		HF8619	HF8620	HF8621	HF8622	HF8623

续表

项目	单位	排泥管线长度（m）				
		3600	3700	3800	3900	4000
工长	工时	6.0	6.0	6.0	6.0	6.0
高级工	工时					
中级工	工时	47.9	48.2	48.5	48.8	49.1
初级工	工时	309.4	309.4	309.4	309.4	309.4
合计	工时	363.3	363.6	363.9	364.2	364.5
零星材料费	%	3	3	3	3	3
高压水泵 22 kW	台时	445.20	445.20	445.20	445.20	445.20
水枪 Φ65 mm	台时	960.92	962.26	963.52	964.81	966.02
泥浆泵 22 kW	台时	445.20	445.20	445.20	445.20	445.20
排泥管 Φ150 mm	百米时	890.40	890.40	890.40	890.40	890.40
泥浆泵 136 kW	台时	94.03	95.81	97.49	99.21	100.83
高压水泵 7.5 kW	台时	70.52	71.86	73.12	74.41	75.62
排泥管 Φ300 mm×4000 mm	根时	43848.90	45092.28	46335.66	47579.04	48822.42
编号		HF8624	HF8625	HF8626	HF8627	HF8628

续表

项目	单位	排泥管线长度（m）				
		4100	4200	4300	4400	4500
工长	工时	6.0	6.0	6.0	6.0	6.0
高级工	工时					
中级工	工时	49.4	49.7	50.0	50.3	50.6
初级工	工时	309.4	309.4	309.4	309.4	309.4
合计	工时	364.8	365.1	365.4	365.7	366.0
零星材料费	%	3	3	3	3	3
高压水泵 22 kW	台时	445.20	445.20	445.20	445.20	445.20
水枪 Φ65 mm	台时	967.27	968.44	969.63	970.76	971.90
泥浆泵 22 kW	台时	445.20	445.20	445.20	445.20	445.20
排泥管 Φ150 mm	百米时	890.40	890.40	890.40	890.40	890.40
泥浆泵 136 kW	台时	102.49	104.05	105.64	107.14	108.66
高压水泵 7.5 kW	台时	76.87	78.04	79.23	80.36	81.50
排泥管 Φ300 mm×4000 mm	根时	50065.80	51309.18	52552.56	53795.94	55039.32
编号		HF8629	HF8630	HF8631	HF8632	HF8633

续表

项目	单位	排泥管线长度（m）				
		4600	4700	4800	4900	5000
工长	工时	6.0	6.0	6.0	6.0	6.0
高级工	工时					
中级工	工时	50.9	51.2	51.5	51.8	52.1
初级工	工时	309.4	309.4	309.4	309.4	309.4
合计	工时	366.3	366.6	366.9	367.2	367.5
零星材料费	%	3	3	3	3	3
高压水泵 22 kW	台时	445.20	445.20	445.20	445.20	445.20
水枪 Φ65 mm	台时	972.98	974.06	975.10	976.14	977.15
泥浆泵 22 kW	台时	445.20	445.20	445.20	445.20	445.20
排泥管 Φ150 mm	百米时	890.40	890.40	890.40	890.40	890.40
泥浆泵 136 kW	台时	110.10	111.55	112.93	114.32	115.66
高压水泵 7.5 kW	台时	82.58	83.66	84.70	85.74	86.75
排泥管 Φ300 mm×4000 mm	根时	56282.70	57526.08	58769.46	60012.84	61256.22
编号		HF8634	HF8635	HF8636	HF8637	HF8638

续表

项　　目	单位	排泥管线长度（m）				
		5100	5200	5300	5400	5500
工　　长	工时	6.0	6.0	6.0	6.0	6.0
高 级 工	工时					
中 级 工	工时	52.4	52.7	53.0	53.3	53.6
初 级 工	工时	309.4	309.4	309.4	309.4	309.4
合　　计	工时	367.8	368.1	368.4	368.7	369.0
零星材料费	%	3	3	3	3	3
高压水泵　22 kW	台时	445.20	445.20	445.20	445.20	445.20
水　　枪　Φ65 mm	台时	978.41	979.68	980.83	982.21	983.43
泥 浆 泵　22 kW	台时	445.20	445.20	445.20	445.20	445.20
排 泥 管　Φ150 mm	百米时	890.40	890.40	890.40	890.40	890.40
泥 浆 泵　136 kW	台时	117.35	119.04	120.57	122.41	124.04
高压水泵　7.5 kW	台时	88.01	89.28	90.43	91.81	93.03
排 泥 管　Φ300 mm×4000 mm	根时	62499.60	63742.98	64986.36	66229.74	67473.12
编　　号		HF8639	HF8640	HF8641	HF8642	HF8643

续表

项目	单位	排泥管线长度（m）				
		5600	5700	5800	5900	6000
工长	工时	6.0	6.0	6.0	6.0	6.0
高级工	工时					
中级工	工时	53.9	54.2	54.5	54.8	55.1
初级工	工时	309.4	309.4	309.4	309.4	309.4
合计	工时	369.3	369.6	369.9	370.2	370.5
零星材料费	%	3	3	3	3	3
高压水泵 22 kW	台时	445.20	445.20	445.20	445.20	445.20
水枪 Φ65 mm	台时	984.74	986.13	987.47	988.75	990.09
泥浆泵 22 kW	台时	445.20	445.20	445.20	445.20	445.20
排泥管 Φ150 mm	百米时	890.40	890.40	890.40	890.40	890.40
泥浆泵 136 kW	台时	125.79	127.64	129.43	131.13	132.92
高压水泵 7.5 kW	台时	94.34	95.73	97.07	98.35	99.69
排泥管 Φ300 mm×4000 mm	根时	68716.50	69959.88	71203.26	72446.64	73690.02
编号		HF8644	HF8645	HF8646	HF8647	HF8648

续表

项目	单位	排泥管线长度（m）				
		6100	6200	6300	6400	6500
工长	工时	6.0	6.0	6.0	6.0	6.0
高级工	工时					
中级工	工时	55.4	55.7	56.0	56.3	56.6
初级工	工时	309.4	309.4	309.4	309.4	309.4
合计	工时	370.8	371.1	371.4	371.7	372.0
零星材料费	%	3	3	3	3	3
高压水泵 22 kW	台时	445.20	445.20	445.20	445.20	445.20
水枪 Φ65 mm	台时	991.39	992.63	993.93	995.18	996.38
泥浆泵 22 kW	台时	445.20	445.20	445.20	445.20	445.20
排泥管 Φ150 mm	百米时	890.40	890.40	890.40	890.40	890.40
泥浆泵 136 kW	台时	134.65	136.31	138.04	139.70	141.30
高压水泵 7.5 kW	台时	100.99	102.23	103.53	104.78	105.98
排泥管 Φ300 mm×4000 mm	根时	74933.40	76176.78	77420.16	78663.54	79906.92
编号		HF8649	HF8650	HF8651	HF8652	HF8653

续表

项目	单位	排泥管线长度（m）				
		6600	6700	6800	6900	7000
工长	工时	6.0	6.0	6.0	6.0	6.0
高级工	工时					
中级工	工时	56.9	57.2	57.5	57.8	58.1
初级工	工时	309.4	309.4	309.4	309.4	309.4
合计	工时	372.3	372.6	372.9	373.2	373.5
零星材料费	%	3	3	3	3	3
高压水泵 22 kW	台时	445.20	445.20	445.20	445.20	445.20
水枪 Φ65 mm	台时	997.62	998.81	999.98	1001.17	1002.31
泥浆泵 22 kW	台时	445.20	445.20	445.20	445.20	445.20
排泥管 Φ150 mm	百米时	890.40	890.40	890.40	890.40	890.40
泥浆泵 136 kW	台时	142.96	144.55	146.10	147.69	149.21
高压水泵 7.5 kW	台时	107.22	108.41	109.58	110.77	111.91
排泥管 Φ300 mm×4000 mm	根时	81150.30	82393.68	83637.06	84880.44	86123.82
编号		HF8654	HF8655	HF8656	HF8657	HF8658

续表

项目	单位	排泥管线长度（m）				
		7100	7200	7300	7400	7500
工长	工时	6.0	6.0	6.0	6.0	6.0
高级工	工时					
中级工	工时	58.4	58.7	59.0	59.3	59.6
初级工	工时	309.4	309.4	309.4	309.4	309.4
合计	工时	373.8	374.1	374.4	374.7	375.0
零星材料费	%	3	3	3	3	3
高压水泵 22 kW	台时	445.20	445.20	445.20	445.20	445.20
水枪 Φ65 mm	台时	1003.43	1004.57	1005.67	1006.76	1007.85
泥浆泵 22 kW	台时	445.20	445.20	445.20	445.20	445.20
排泥管 Φ150 mm	百米时	890.40	890.40	890.40	890.40	890.40
泥浆泵 136 kW	台时	150.71	152.23	153.69	155.14	156.60
高压水泵 7.5 kW	台时	113.03	114.17	115.27	116.36	117.45
排泥管 Φ300 mm×4000 mm	根时	87367.20	88610.58	89853.96	91097.34	92340.72
编号		HF8659	HF8660	HF8661	HF8662	HF8663

续表

项目	单位	排泥管线长度（m）				
		7600	7700	7800	7900	8000
工长	工时	6.0	6.0	6.0	6.0	6.0
高级工	工时					
中级工	工时	59.9	60.2	60.5	60.8	61.1
初级工	工时	309.4	309.4	309.4	309.4	309.4
合计	工时	375.3	375.6	375.9	376.2	376.5
零星材料费	%	3	3	3	3	3
高压水泵 22 kW	台时	445.20	445.20	445.20	445.20	445.20
水枪 Φ65 mm	台时	1009.11	1010.36	1011.67	1013.04	1014.37
泥浆泵 22 kW	台时	445.20	445.20	445.20	445.20	445.20
排泥管 Φ150 mm	百米时	890.40	890.40	890.40	890.40	890.40
泥浆泵 136 kW	台时	158.28	159.95	161.69	163.52	165.29
高压水泵 7.5 kW	台时	118.71	119.96	121.27	122.64	123.97
排泥管 Φ300 mm×4000 mm	根时	93584.10	94827.48	96070.86	97314.24	98557.62
编号		HF8664	HF8665	HF8666	HF8667	HF8668

续表

项目	单位	排泥管线长度（m）				
		8100	8200	8300	8400	8500
工长	工时	6.0	6.0	6.0	6.0	6.0
高级工	工时					
中级工	工时	61.4	61.7	62.0	62.3	62.6
初级工	工时	309.4	309.4	309.4	309.4	309.4
合计	工时	376.8	377.1	377.4	377.7	378.0
零星材料费	%	3	3	3	3	3
高压水泵 22 kW	台时	445.20	445.20	445.20	445.20	445.20
水枪 Φ65 mm	台时	1015.67	1016.94	1018.27	1019.54	1020.77
泥浆泵 22 kW	台时	445.20	445.20	445.20	445.20	445.20
排泥管 Φ150 mm	百米时	890.40	890.40	890.40	890.40	890.40
泥浆泵 136 kW	台时	167.02	168.72	170.49	172.19	173.83
高压水泵 7.5 kW	台时	125.27	126.54	127.87	129.14	130.37
排泥管 Φ300 mm×4000 mm	根时	99801.00	101044.38	102287.76	103531.14	104774.52
编号		HF8669	HF8670	HF8671	HF8672	HF8673

续表

项目	单位	排泥管线长度（m）				
		8600	8700	8800	8900	9000
工长	工时	6.0	6.0	6.0	6.0	6.0
高级工	工时					
中级工	工时	62.9	63.2	63.5	63.8	64.1
初级工	工时	309.4	309.4	309.4	309.4	309.4
合计	工时	378.3	378.6	378.9	379.2	379.5
零星材料费	%	3	3	3	3	3
高压水泵 22 kW	台时	445.20	445.20	445.20	445.20	445.20
水枪 Φ65 mm	台时	1022.03	1023.30	1024.52	1025.73	1026.92
泥浆泵 22 kW	台时	445.20	445.20	445.20	445.20	445.20
排泥管 Φ150 mm	百米时	890.40	890.40	890.40	890.40	890.40
泥浆泵 136 kW	台时	175.50	177.20	178.83	180.44	182.03
高压水泵 7.5 kW	台时	131.63	132.90	134.12	135.33	136.52
排泥管 Φ300 mm×4000 mm	根时	106017.90	107261.28	108504.66	109748.04	110991.42
编号		HF8674	HF8675	HF8676	HF8677	HF8678

续表

项目	单位	排泥管线长度（m）				
		9100	9200	9300	9400	9500
工长	工时	6.0	6.0	6.0	6.0	6.0
高级工	工时					
中级工	工时	64.4	64.7	65.0	65.3	65.6
初级工	工时	309.4	309.4	309.4	309.4	309.4
合计	工时	379.8	380.1	380.4	380.7	381.0
零星材料费	%	3	3	3	3	3
高压水泵 22 kW	台时	445.20	445.20	445.20	445.20	445.20
水枪 Φ65 mm	台时	1028.15	1029.32	1030.48	1031.63	1032.80
泥浆泵 22 kW	台时	445.20	445.20	445.20	445.20	445.20
排泥管 Φ150 mm	百米时	890.40	890.40	890.40	890.40	890.40
泥浆泵 136 kW	台时	183.66	185.22	186.77	188.31	189.87
高压水泵 7.5 kW	台时	137.75	138.92	140.08	141.23	142.40
排泥管 Φ300 mm×4000 mm	根时	112234.80	113478.18	114721.56	115964.94	117208.32
编号		HF8679	HF8680	HF8681	HF8682	HF8683

续表

项目	单位	排泥管线长度（m）				
		9600	9700	9800	9900	10000
工长	工时	6.0	6.0	6.0	6.0	6.0
高级工	工时					
中级工	工时	65.9	66.2	66.5	66.8	67.1
初级工	工时	309.4	309.4	309.4	309.4	309.4
合计	工时	381.3	381.6	381.9	382.2	382.5
零星材料费	%	3	3	3	3	3
高压水泵 22 kW	台时	445.20	445.20	445.20	445.20	445.20
水枪 Φ65 mm	台时	1033.93	1035.05	1036.16	1037.29	1038.51
泥浆泵 22 kW	台时	445.20	445.20	445.20	445.20	445.20
排泥管 Φ150 mm	百米时	890.40	890.40	890.40	890.40	890.40
泥浆泵 136 kW	台时	191.37	192.86	194.35	195.85	197.48
高压水泵 7.5 kW	台时	143.53	144.65	145.76	146.89	148.11
排泥管 Φ300 mm×4000 mm	根时	118451.70	119695.08	120938.46	122181.84	123425.00
编号		HF8684	HF8685	HF8686	HF8687	HF8688

续表

项目	单位	排泥管线长度（m）				
		10100	10200	10300	10400	10500
工长	工时	6.0	6.0	6.0	6.0	6.0
高级工	工时					
中级工	工时	67.4	67.7	68.0	68.3	68.6
初级工	工时	309.4	309.4	309.4	309.4	309.4
合计	工时	382.8	383.1	383.4	383.7	384.0
零星材料费	%	3	3	3	3	3
高压水泵 22 kW	台时	445.20	445.20	445.20	445.20	445.20
水枪 Φ65 mm	台时	1039.73	1040.95	1042.17	1043.39	1044.61
泥浆泵 22 kW	台时	445.20	445.20	445.20	445.20	445.20
排泥管 Φ150 mm	百米时	890.40	890.40	890.40	890.40	890.40
泥浆泵 136 kW	台时	199.11	200.74	202.37	204.00	205.63
高压水泵 7.5 kW	台时	149.33	150.55	151.77	152.99	154.21
排泥管 Φ300 mm×4000 mm	根时	124668.16	125911.32	127154.48	128397.64	129640.80
编号		HF8689	HF8690	HF8691	HF8692	HF8693

续表

项目	单位	排泥管线长度（m）				
		10600	10700	10800	10900	11000
工长	工时	6.0	6.0	6.0	6.0	6.0
高级工	工时					
中级工	工时	68.9	69.2	69.5	69.8	70.1
初级工	工时	309.4	309.4	309.4	309.4	309.4
合计	工时	384.3	384.6	384.9	385.2	385.5
零星材料费	%	3	3	3	3	3
高压水泵 22 kW	台时	445.20	445.20	445.20	445.20	445.20
水枪 Φ65 mm	台时	1045.83	1047.05	1048.27	1049.49	1050.71
泥浆泵 22 kW	台时	445.20	445.20	445.20	445.20	445.20
排泥管 Φ150 mm	百米时	890.40	890.40	890.40	890.40	890.40
泥浆泵 136 kW	台时	207.26	208.89	210.52	212.15	213.78
高压水泵 7.5 kW	台时	155.43	156.65	157.87	159.09	160.31
排泥管 Φ300 mm×4000 mm	根时	130883.96	132127.12	133370.28	134613.44	135856.60
编号		HF8694	HF8695	HF8696	HF8697	HF8698

续表

项目	单位	排泥管线长度（m）				
		11100	11200	11300	11400	11500
工长	工时	6.0	6.0	6.0	6.0	6.0
高级工	工时					
中级工	工时	70.4	70.7	71.0	71.3	71.6
初级工	工时	309.4	309.4	309.4	309.4	309.4
合计	工时	385.8	386.1	386.4	386.7	387.0
零星材料费	%	3	3	3	3	3
高压水泵 22 kW	台时	445.20	445.20	445.20	445.20	445.20
水枪 Φ65 mm	台时	1051.93	1053.15	1054.37	1055.59	1056.81
泥浆泵 22 kW	台时	445.20	445.20	445.20	445.20	445.20
排泥管 Φ150 mm	百米时	890.40	890.40	890.40	890.40	890.40
泥浆泵 136 kW	台时	215.41	217.04	218.67	220.30	221.93
高压水泵 7.5 kW	台时	161.53	162.75	163.97	165.19	166.41
排泥管 Φ300 mm×4000 mm	根时	137099.76	138342.92	139586.08	140829.24	142072.40
编号		HF8699	HF8700	HF8701	HF8702	HF8703

续表

项目	单位	排泥管线长度（m）				
		11600	11700	11800	11900	12000
工长	工时	6.0	6.0	6.0	6.0	6.0
高级工	工时					
中级工	工时	71.9	72.2	72.5	72.8	73.1
初级工	工时	309.4	309.4	309.4	309.4	309.4
合计	工时	387.3	387.6	387.9	388.2	388.5
零星材料费	%	3	3	3	3	3
高压水泵 22 kW	台时	445.20	445.20	445.20	445.20	445.20
水枪 Φ65 mm	台时	1058.03	1059.25	1060.47	1061.69	1062.91
泥浆泵 22 kW	台时	445.20	445.20	445.20	445.20	445.20
排泥管 Φ150 mm	百米时	890.40	890.40	890.40	890.40	890.40
泥浆泵 136 kW	台时	223.56	225.19	226.82	228.45	230.08
高压水泵 7.5 kW	台时	167.63	168.85	170.07	171.29	172.51
排泥管 Φ300 mm×4000 mm	根时	143315.56	144558.72	145801.88	147045.04	148288.20
编号		HF8704	HF8705	HF8706	HF8707	HF8708

八 -4　136 kW 冲吸式挖泥船

工作内容：挖泥、排泥以及作业面的转移和管道的移设。

（1）Ⅰ类土

单位：10000 m^3

项　　目		单位	排泥管线长度（m）						
			≤400	500	600	700	800	900	1000
工　长		工时	8.0	8.0	8.0	8.0	8.0	8.0	8.0
高级工		工时							
中级工		工时	27.8	28.3	28.8	29.3	29.8	30.3	30.8
初级工		工时	244.5	245.0	245.5	246.0	246.5	247.0	247.5
合　计		工时	280.3	281.3	282.3	283.3	284.3	285.3	286.3
零星材料费		%	3	3	3	3	3	3	3
冲吸式挖泥船	136 kW	艘时	68.66	73.03	77.42	81.58	85.38	88.50	91.24
浮筒	Φ300 mm×5000 mm	组时	1373.20	1460.60	1548.40	1631.60	1707.60	1770.00	1824.80
排泥管	Φ300 mm×4000 mm	根时	5149.50	7303.00	9677.50	12237.00	14941.50	17700.00	20529.00
泥浆泵	136 kW	台时							
编　号			HF8709	HF8710	HF8711	HF8712	HF8713	HF8714	HF8715

续表

项目	单位	排泥管线长度（m）				
		1100	1200	1300	1400	1500
工长	工时	8.0	8.0	8.0	8.0	8.0
高级工	工时					
中级工	工时	31.3	31.8	32.3	32.8	33.3
初级工	工时	248.0	248.5	249.0	249.5	250.0
合计	工时	287.3	288.3	289.3	290.3	291.3
零星材料费	%	3	3	3	3	3
冲吸式挖泥船 136 kW	艘时	93.94	96.51	98.29	100.01	101.42
浮筒 Φ300 mm×5000 mm	组时	1878.80	1930.20	1965.80	2000.20	2028.40
排泥管 Φ300 mm×4000 mm	根时	23485.00	26540.25	29487.00	32503.25	35497.00
泥浆泵 136 kW	台时					
编号		HF8716	HF8717	HF8718	HF8719	HF8720

续表

项目	单位	排泥管线长度（m）				
		1600	1700	1800	1900	2000
工长	工时	8.0	8.0	8.0	8.0	8.0
高级工	工时					
中级工	工时	33.8	34.3	34.8	35.3	35.8
初级工	工时	250.5	251.0	251.5	252.0	252.5
合计	工时	292.3	293.3	294.3	295.3	296.3
零星材料费	%	3	3	3	3	3
冲吸式挖泥船 136 kW	艘时	102.70	103.83	104.77	105.46	77.94
浮筒 Φ300 mm×5000 mm	组时	2054.00	2076.60	2095.40	2109.20	1558.80
排泥管 Φ300 mm×4000 mm	根时	38512.50	41532.00	44527.25	47457.00	37021.50
泥浆泵 136 kW	台时					77.94
编号		HF8721	HF8722	HF8723	HF8724	HF8725

续表

项目	单位	排泥管线长度（m）				
		2100	2200	2300	2400	2500
工长	工时	8.0	8.0	8.0	8.0	8.0
高级工	工时					
中级工	工时	36.3	36.8	37.3	37.8	38.3
初级工	工时	253.0	253.5	254.0	254.5	255.0
合计	工时	297.3	298.3	299.3	300.3	301.3
零星材料费	%	3	3	3	3	3
冲吸式挖泥船 136 kW	艘时	78.47	79.15	79.74	80.41	80.99
浮筒 Φ300 mm×5000 mm	组时	1569.40	1583.00	1594.80	1608.20	1619.80
排泥管 Φ300 mm×4000 mm	根时	39235.00	41553.75	43857.00	46235.75	48594.00
泥浆泵 136 kW	台时	78.47	79.15	79.74	80.41	80.99
编号		HF8726	HF8727	HF8728	HF8729	HF8730

续表

项目	单位	排泥管线长度（m）				
		2600	2700	2800	2900	3000
工长	工时	8.0	8.0	8.0	8.0	8.0
高级工	工时					
中级工	工时	38.8	39.3	39.8	40.3	40.8
初级工	工时	255.5	256.0	256.5	257.0	257.5
合计	工时	302.3	303.3	304.3	305.3	306.3
零星材料费	%	3	3	3	3	3
冲吸式挖泥船 136 kW	艘时	81.65	82.20	82.77	83.28	83.88
浮筒 Φ300 mm×5000 mm	组时	1633.00	1644.00	1655.40	1665.60	1677.60
排泥管 Φ300 mm×4000 mm	根时	51031.25	53430.00	55869.75	58296.00	60813.00
泥浆泵 136 kW	台时	81.65	82.20	82.77	83.28	83.88
编号		HF8731	HF8732	HF8733	HF8734	HF8735

续表

项目	单位	排泥管线长度（m）				
		3100	3200	3300	3400	3500
工长	工时	8.0	8.0	8.0	8.0	8.0
高级工	工时					
中级工	工时	41.3	41.8	42.3	42.8	43.3
初级工	工时	258.0	258.5	259.0	259.5	260.0
合计	工时	307.3	308.3	309.3	310.3	311.3
零星材料费	%	3	3	3	3	3
冲吸式挖泥船 136 kW	艘时	84.35	84.84	85.41	85.85	86.21
浮筒 Φ300 mm×5000 mm	组时	1687.00	1696.80	1708.20	1717.00	1724.20
排泥管 Φ300 mm×4000 mm	根时	63262.50	65751.00	68328.00	70826.25	73278.50
泥浆泵 136 kW	台时	84.35	84.84	85.41	85.85	86.21
编号		HF8736	HF8737	HF8738	HF8739	HF8740

续表

项目	单位	排泥管线长度（m）				
		3600	3700	3800	3900	4000
工长	工时	8.0	8.0	8.0	8.0	8.0
高级工	工时					
中级工	工时	43.8	44.3	44.8	45.3	45.8
初级工	工时	260.5	261.0	261.5	262.0	262.5
合计	工时	312.3	313.3	314.3	315.3	316.3
零星材料费	%	3	3	3	3	3
冲吸式挖泥船 136 kW	艘时	86.83	87.30	87.68	88.09	88.42
浮筒 Φ300 mm×5000 mm	组时	1736.60	1746.00	1753.60	1761.80	1768.40
排泥管 Φ300 mm×4000 mm	根时	75976.25	78570.00	81104.00	83685.50	86209.50
泥浆泵 136 kW	台时	86.83	87.30	87.68	88.09	88.42
编号		HF8741	HF8742	HF8743	HF8744	HF8745

续表

项目	单位	排泥管线长度（m）				
		4100	4200	4300	4400	4500
工长	工时	8.0	8.0	8.0	8.0	8.0
高级工	工时					
中级工	工时	46.3	46.8	47.3	47.8	48.3
初级工	工时	263.0	263.5	264.0	264.5	265.0
合计	工时	317.3	318.3	319.3	320.3	321.3
零星材料费	%	3	3	3	3	3
冲吸式挖泥船 136 kW	艘时	88.75	89.18	89.51	89.86	90.13
浮筒 Φ300 mm×5000 mm	组时	1775.00	1783.60	1790.20	1797.20	1802.60
排泥管 Φ300 mm×4000 mm	根时	88750.00	91409.50	93985.50	96599.50	99143.00
泥浆泵 136 kW	台时	88.75	89.18	89.51	89.86	90.13
编号		HF8746	HF8747	HF8748	HF8749	HF8750

续表

项目	单位	排泥管线长度（m）				
		4600	4700	4800	4900	5000
工长	工时	8.0	8.0	8.0	8.0	8.0
高级工	工时					
中级工	工时	48.8	49.3	49.8	50.3	50.8
初级工	工时	265.5	266.0	266.5	267.0	267.5
合计	工时	322.3	323.3	324.3	325.3	326.3
零星材料费	%	3	3	3	3	3
冲吸式挖泥船 136 kW	艘时	90.57	90.84	91.13	91.38	78.81
浮筒 Φ300 mm×5000 mm	组时	1811.40	1816.80	1822.60	1827.60	1576.20
排泥管 Φ300 mm×4000 mm	根时	101891.25	104466.00	107077.75	109656.00	96542.25
泥浆泵 136 kW	台时	90.57	90.84	91.13	91.38	157.62
编号		HF8751	HF8752	HF8753	HF8754	HF8755

续表

项目	单位	排泥管线长度（m）				
		5100	5200	5300	5400	5500
工长	工时	8.0	8.0	8.0	8.0	8.0
高级工	工时					
中级工	工时	51.3	51.8	52.3	52.8	53.3
初级工	工时	268.0	268.5	269.0	269.5	270.0
合计	工时	327.3	328.3	329.3	330.3	331.3
零星材料费	%	3	3	3	3	3
冲吸式挖泥船 136 kW	艘时	79.30	79.57	79.93	80.29	80.66
浮筒 Φ300 mm×5000 mm	组时	1586.00	1591.40	1598.60	1605.80	1613.20
排泥管 Φ300 mm×4000 mm	根时	99125.00	101451.75	103909.00	106384.25	108891.00
泥浆泵 136 kW	台时	158.60	159.14	159.86	160.58	161.32
编号		HF8756	HF8757	HF8758	HF8759	HF8760

续表

项目		单位	排泥管线长度（m）				
			5600	5700	5800	5900	6000
工长		工时	8.0	8.0	8.0	8.0	8.0
高级工		工时					
中级工		工时	53.8	54.3	54.8	55.3	55.8
初级工		工时	270.5	271.0	271.5	272.0	272.5
合计		工时	332.3	333.3	334.3	335.3	336.3
零星材料费		%	3	3	3	3	3
冲吸式挖泥船	136 kW	艘时	80.96	81.34	81.65	82.05	82.37
浮筒	Φ300 mm×5000 mm	组时	1619.20	1626.80	1633.00	1641.00	1647.40
排泥管	Φ300 mm×4000 mm	根时	111320.00	113876.00	116351.25	118972.50	121495.75
泥浆泵	136 kW	台时	161.92	162.68	163.30	164.10	164.74
编号			HF8761	HF8762	HF8763	HF8764	HF8765

续表

项目	单位	排泥管线长度（m）				
		6100	6200	6300	6400	6500
工长	工时	8.0	8.0	8.0	8.0	8.0
高级工	工时					
中级工	工时	56.3	56.8	57.3	57.8	58.3
初级工	工时	273.0	273.5	274.0	274.5	275.0
合计	工时	337.3	338.3	339.3	340.3	341.3
零星材料费	%	3	3	3	3	3
冲吸式挖泥船 136 kW	艘时	82.66	83.02	83.36	83.62	83.80
浮筒 Φ300 mm×5000 mm	组时	1653.20	1660.40	1667.20	1672.40	1676.00
排泥管 Φ300 mm×4000 mm	根时	123990.00	126605.50	129208.00	131701.50	134080.00
泥浆泵 136 kW	台时	165.32	166.04	166.72	167.24	167.60
编号		HF8766	HF8767	HF8768	HF8769	HF8770

续表

项目	单位	排泥管线长度（m）				
		6600	6700	6800	6900	7000
工长	工时	8.0	8.0	8.0	8.0	8.0
高级工	工时					
中级工	工时	58.8	59.3	59.8	60.3	60.8
初级工	工时	275.5	276.0	276.5	277.0	277.5
合计	工时	342.3	343.3	344.3	345.3	346.3
零星材料费	%	3	3	3	3	3
冲吸式挖泥船 136 kW	艘时	84.06	84.24	84.51	84.70	84.97
浮筒 Φ300 mm×5000 mm	组时	1681.20	1684.80	1690.20	1694.00	1699.40
排泥管 Φ300 mm×4000 mm	根时	136597.50	138996.00	141554.25	143990.00	146573.25
泥浆泵 136 kW	台时	168.12	168.48	169.02	169.40	169.94
编号		HF8771	HF8772	HF8773	HF8774	HF8775

续表

项目	单位	排泥管线长度（m）				
		7100	7200	7300	7400	7500
工长	工时	8.0	8.0	8.0	8.0	8.0
高级工	工时					
中级工	工时	61.3	61.8	62.3	62.8	63.3
初级工	工时	278.0	278.5	279.0	279.5	280.0
合计	工时	347.3	348.3	349.3	350.3	351.3
零星材料费	%	3	3	3	3	3
冲吸式挖泥船 136 kW	艘时	85.21	85.43	85.70	85.95	86.19
浮筒 Φ300 mm×5000 mm	组时	1704.20	1708.60	1714.00	1719.00	1723.80
排泥管 Φ300 mm×4000 mm	根时	149117.50	151638.25	154260.00	156858.75	159451.50
泥浆泵 136 kW	台时	170.42	170.86	171.40	171.90	172.38
编号		HF8776	HF8777	HF8778	HF8779	HF8780

续表

项目	单位	排泥管线长度（m）				
		7600	7700	7800	7900	8000
工长	工时	8.0	8.0	8.0	8.0	8.0
高级工	工时					
中级工	工时	63.8	64.3	64.8	65.3	65.8
初级工	工时	280.5	281.0	281.5	282.0	282.5
合计	工时	352.3	353.3	354.3	355.3	356.3
零星材料费	%	3	3	3	3	3
冲吸式挖泥船 136 kW	艘时	86.36	86.64	86.86	87.07	87.29
浮筒 Φ300 mm×5000 mm	组时	1727.20	1732.80	1737.20	1741.40	1745.80
排泥管 Φ300 mm×4000 mm	根时	161925.00	164616.00	167205.50	169786.50	172397.75
泥浆泵 136 kW	台时	172.72	173.28	173.72	174.14	174.58
编号		HF8781	HF8782	HF8783	HF8784	HF8785

（2）Ⅱ类土

单位：10000 m^3

项目	单位	排泥管线长度（m）						
		≤400	500	600	700	800	900	1000
工长	工时	8.0	8.0	8.0	8.0	8.0	8.0	8.0
高级工	工时							
中级工	工时	40.5	41.0	41.5	42.0	42.5	43.0	43.5
初级工	工时	339.5	340.0	340.5	341.0	341.5	342.0	342.5
合计	工时	388.0	389.0	390.0	391.0	392.0	393.0	394.0
零星材料费	%	3	3	3	3	3	3	3
冲吸式挖泥船 136 kW	艘时	94.75	100.78	106.84	112.58	117.82	122.13	125.91
浮筒 Φ300 mm×5000 mm	组时	1895.00	2015.60	2136.80	2251.60	2356.40	2442.60	2518.20
排泥管 Φ300 mm×4000 mm	根时	7106.31	10078.14	13354.95	16887.06	20619.27	24426.00	28330.02
泥浆泵 136 kW	台时							
编号		HF8786	HF8787	HF8788	HF8789	HF8790	HF8791	HF8792

续表

项目	单位	排泥管线长度（m）				
		1100	1200	1300	1400	1500
工长	工时	8.0	8.0	8.0	8.0	8.0
高级工	工时					
中级工	工时	44.0	44.5	45.0	45.5	46.0
初级工	工时	343.0	343.5	344.0	344.5	345.0
合计	工时	395.0	396.0	397.0	398.0	399.0
零星材料费	%	3	3	3	3	3
冲吸式挖泥船 136 kW	艘时	129.64	133.18	135.64	138.01	139.96
浮筒 Φ300 mm×5000 mm	组时	2592.80	2663.60	2712.80	2760.20	2799.20
排泥管 Φ300 mm×4000 mm	根时	32409.30	36625.55	40692.06	44854.49	48985.86
泥浆泵 136 kW	台时					
编号		HF8793	HF8794	HF8795	HF8796	HF8797

续表

项目	单位	排泥管线长度（m）				
		1600	1700	1800	1900	2000
工长	工时	8.0	8.0	8.0	8.0	8.0
高级工	工时					
中级工	工时	46.5	47.0	47.5	48.0	48.5
初级工	工时	345.5	346.0	346.5	347.0	347.5
合计	工时	400.0	401.0	402.0	403.0	404.0
零星材料费	%	3	3	3	3	3
冲吸式挖泥船 136 kW	艘时	141.73	143.29	144.58	145.53	107.56
浮筒 Φ300 mm×5000 mm	组时	2834.60	2865.80	2891.60	2910.60	2151.20
排泥管 Φ300 mm×4000 mm	根时	53147.25	57314.16	61447.61	65490.66	51089.67
泥浆泵 136 kW	台时					107.56
编号		HF8798	HF8799	HF8800	HF8801	HF8802

续表

项目	单位	排泥管线长度（m）				
		2100	2200	2300	2400	2500
工长	工时	8.0	8.0	8.0	8.0	8.0
高级工	工时					
中级工	工时	49.0	49.5	50.0	50.5	51.0
初级工	工时	348.0	348.5	349.0	349.5	350.0
合计	工时	405.0	406.0	407.0	408.0	409.0
零星材料费	%	3	3	3	3	3
冲吸式挖泥船 136 kW	艘时	108.29	109.23	110.04	110.97	111.77
浮筒 Φ300 mm×5000 mm	组时	2165.80	2184.60	2200.80	2219.40	2235.40
排泥管 Φ300 mm×4000 mm	根时	54144.30	57344.18	60522.66	63805.34	67059.72
泥浆泵 136 kW	台时	108.29	109.23	110.04	110.97	111.77
编号		HF8803	HF8804	HF8805	HF8806	HF8807

续表

项目	单位	排泥管线长度（m）				
		2600	2700	2800	2900	3000
工长	工时	8.0	8.0	8.0	8.0	8.0
高级工	工时					
中级工	工时	51.5	52.0	52.5	53.0	53.5
初级工	工时	350.5	351.0	351.5	352.0	352.5
合计	工时	410.0	411.0	412.0	413.0	414.0
零星材料费	%	3	3	3	3	3
冲吸式挖泥船 136 kW	艘时	112.68	113.44	114.22	114.93	115.75
浮筒 Φ300 mm×5000 mm	组时	2253.60	2268.80	2284.40	2298.60	2315.00
排泥管 Φ300 mm×4000 mm	根时	70423.13	73733.40	77100.26	80448.48	83921.94
泥浆泵 136 kW	台时	112.68	113.44	114.22	114.93	115.75
编号		HF8808	HF8809	HF8810	HF8811	HF8812

续表

项目	单位	排泥管线长度（m）				
		3100	3200	3300	3400	3500
工长	工时	8.0	8.0	8.0	8.0	8.0
高级工	工时					
中级工	工时	54.0	54.5	55.0	55.5	56.0
初级工	工时	353.0	353.5	354.0	354.5	355.0
合计	工时	415.0	416.0	417.0	418.0	419.0
零星材料费	%	3	3	3	3	3
冲吸式挖泥船 136 kW	艘时	116.40	117.08	117.87	118.47	118.97
浮筒 Φ300 mm×5000 mm	组时	2328.00	2341.60	2357.40	2250.93	2379.40
排泥管 Φ300 mm×4000 mm	根时	87302.25	90736.38	94292.64	97740.23	101124.33
泥浆泵 136 kW	台时	116.40	117.08	117.87	118.47	118.97
编号		HF8813	HF8814	HF8815	HF8816	HF8817

续表

项目	单位	排泥管线长度（m）				
		3600	3700	3800	3900	4000
工长	工时	8.0	8.0	8.0	8.0	8.0
高级工	工时					
中级工	工时	56.5	57.0	57.5	58.0	58.5
初级工	工时	355.5	356.0	356.5	357.0	357.5
合计	工时	420.0	421.0	422.0	423.0	424.0
零星材料费	%	3	3	3	3	3
冲吸式挖泥船 136 kW	艘时	119.83	120.47	121.00	121.56	122.02
浮筒 Φ300 mm×5000 mm	组时	2396.60	2409.40	2420.00	2431.20	2440.40
排泥管 Φ300 mm×4000 mm	根时	104847.23	108426.60	111923.52	115485.99	118969.11
泥浆泵 136 kW	台时	119.83	120.47	121.00	121.56	122.02
编号		HF8818	HF8819	HF8820	HF8821	HF8822

续表

项目	单位	排泥管线长度（m）				
		4100	4200	4300	4400	4500
工长	工时	8.0	8.0	8.0	8.0	8.0
高级工	工时					
中级工	工时	59.0	59.5	60.0	60.5	61.0
初级工	工时	358.0	358.5	359.0	359.5	360.0
合计	工时	425.0	426.0	427.0	428.0	429.0
零星材料费	%	3	3	3	3	3
冲吸式挖泥船 136 kW	艘时	122.48	123.07	123.52	124.01	124.38
浮筒 Φ300 mm×5000 mm	组时	2449.60	2461.40	2470.40	2480.20	2487.60
排泥管 Φ300 mm×4000 mm	根时	122475.00	126145.11	129699.99	133307.31	136817.34
泥浆泵 136 kW	台时	122.48	123.07	123.52	124.01	124.38
编号		HF8823	HF8824	HF8825	HF8826	HF8827

续表

项目	单位	排泥管线长度（m）				
		4600	4700	4800	4900	5000
工长	工时	8.0	8.0	8.0	8.0	8.0
高级工	工时					
中级工	工时	61.5	62.0	62.5	63.0	63.5
初级工	工时	360.5	361.0	361.5	362.0	362.5
合计	工时	430.0	431.0	432.0	433.0	434.0
零星材料费	%	3	3	3	3	3
冲吸式挖泥船 136 kW	艘时	124.99	125.36	125.76	126.10	108.76
浮筒 Φ300 mm×5000 mm	组时	2499.80	2507.20	2515.20	2522.00	2175.20
排泥管 Φ300 mm×4000 mm	根时	140609.93	144163.08	147767.30	151325.28	133228.31
泥浆泵 136 kW	台时	124.99	125.36	125.76	126.10	217.52
编号		HF8828	HF8829	HF8830	HF8831	HF8832

续表

项目	单位	排泥管线长度（m）				
		5100	5200	5300	5400	5500
工长	工时	8.0	8.0	8.0	8.0	8.0
高级工	工时					
中级工	工时	64.0	64.5	65.0	65.5	66.0
初级工	工时	363.0	363.5	364.0	364.5	365.0
合计	工时	435.0	436.0	437.0	438.0	439.0
零星材料费	%	3	3	3	3	3
冲吸式挖泥船 136 kW	艘时	109.43	109.81	110.30	110.80	111.31
浮筒 Φ300 mm×5000 mm	组时	2188.60	2196.20	2206.00	2216.00	2226.20
排泥管 Φ300 mm×4000 mm	根时	136792.50	140003.42	143394.42	146810.27	150269.58
泥浆泵 136 kW	台时	218.86	219.62	220.60	221.60	222.62
编号		HF8833	HF8834	HF8835	HF8836	HF8837

续表

项目	单位	排泥管线长度（m）				
		5600	5700	5800	5900	6000
工长	工时	8.0	8.0	8.0	8.0	8.0
高级工	工时					
中级工	工时	66.5	67.0	67.5	68.0	68.5
初级工	工时	365.5	366.0	366.5	367.0	367.5
合计	工时	440.0	441.0	442.0	443.0	444.0
零星材料费	%	3	3	3	3	3
冲吸式挖泥船　136 kW	艘时	111.72	112.25	112.68	113.23	113.67
浮筒　Φ300 mm×5000 mm	组时	2234.40	2245.00	2253.60	2264.60	2273.40
排泥管　Φ300 mm×4000 mm	根时	153621.60	157148.88	160564.73	164182.05	167664.14
泥浆泵　136 kW	台时	223.44	224.50	225.36	226.46	227.34
编号		HF8838	HF8839	HF8840	HF8841	HF8842

续表

项目	单位	排泥管线长度（m）				
		6100	6200	6300	6400	6500
工长	工时	8.0	8.0	8.0	8.0	8.0
高级工	工时					
中级工	工时	69.0	69.5	70.0	70.5	71.0
初级工	工时	368.0	368.5	369.0	369.5	370.0
合计	工时	445.0	446.0	447.0	448.0	449.0
零星材料费	%	3	3	3	3	3
冲吸式挖泥船 136 kW	艘时	114.07	114.57	115.04	115.40	115.64
浮筒 Φ300 mm×5000 mm	组时	2281.40	2291.40	2300.80	2308.00	2312.80
排泥管 Φ300 mm×4000 mm	根时	171106.20	174715.59	178307.04	181748.07	185030.40
泥浆泵 136 kW	台时	228.14	229.14	230.08	230.80	231.28
编号		HF8843	HF8844	HF8845	HF8846	HF8847

续表

项目	单位	排泥管线长度（m）				
		6600	6700	6800	6900	7000
工长	工时	8.0	8.0	8.0	8.0	8.0
高级工	工时					
中级工	工时	71.5	72.0	72.5	73.0	73.5
初级工	工时	370.5	371.0	371.5	372.0	372.5
合计	工时	450.0	451.0	452.0	453.0	454.0
零星材料费	%	3	3	3	3	3
冲吸式挖泥船 136 kW	艘时	116.00	116.25	116.62	116.89	117.26
浮筒 Φ300 mm×5000 mm	组时	2320.00	2325.00	2332.40	2337.80	2345.20
排泥管 Φ300 mm×4000 mm	根时	188504.55	191814.48	195344.87	198706.20	202271.09
泥浆泵 136 kW	台时	232.00	232.50	233.24	233.78	234.52
编号		HF8848	HF8849	HF8850	HF8851	HF8852

续表

项目		单位	排泥管线长度（m）				
			7100	7200	7300	7400	7500
工长		工时	8.0	8.0	8.0	8.0	8.0
高级工		工时					
中级工		工时	74.0	74.5	75.0	75.5	76.0
初级工		工时	373.0	373.5	374.0	374.5	375.0
合计		工时	455.0	456.0	457.0	458.0	459.0
零星材料费		%	3	3	3	3	3
冲吸式挖泥船	136 kW	艘时	117.59	117.89	118.27	118.61	118.94
浮筒	Φ300 mm×5000 mm	组时	2351.80	2357.80	2365.40	2372.20	2378.80
排泥管	Φ300 mm×4000 mm	根时	205782.15	209260.79	212878.80	216465.08	220043.07
泥浆泵	136 kW	台时	235.18	235.78	236.54	237.22	237.88
编号			HF8853	HF8854	HF8855	HF8856	HF8857

续表

项目	单位	排泥管线长度（m）				
		7600	7700	7800	7900	8000
工长	工时	8.0	8.0	8.0	8.0	8.0
高级工	工时					
中级工	工时	76.5	77.0	77.5	78.0	78.5
初级工	工时	375.5	376.0	376.5	377.0	377.5
合计	工时	460.0	461.0	462.0	463.0	464.0
零星材料费	%	3	3	3	3	3
冲吸式挖泥船 136 kW	艘时	119.18	119.56	119.87	120.16	120.46
浮筒 Φ300 mm×5000 mm	组时	2383.60	2391.20	2397.40	2403.20	2409.20
排泥管 Φ300 mm×4000 mm	根时	223456.50	227170.08	230743.59	234305.37	237908.90
泥浆泵 136 kW	台时	238.36	239.12	239.74	240.32	240.92
编号		HF8858	HF8859	HF8860	HF8861	HF8862

八 -5　冲吸式挖泥船开工展布及收工集合

工作内容：定位，下锚，移船，接、拆管线，船舶进退场等。

单位：次

项目	单位	开工展布	收工集合
冲吸式挖泥船　136 kW	艘时	28.6	14.3
机　　艇　88 kW	艘时	28.6	14.3
编号		HF8863	HF8864

第九章

其他工程

说明

一、本章包括钢管栏杆、路缘石拆除、路面拆除、水闸监测设施、排水沟、机井、防洪工程植树、标志标牌、标志桩，共9节。

二、水闸渗压及位移观测设施定额中，测压管定额按测压导管10 m、进水短管1.3 m以内拟定，涵洞沉陷点定额按沉陷杆10 m拟定。如设计要求与拟定定额不同时，可按实际调整。

三、防洪工程植树

1. 定额工作内容包括种植前的准备、种植时的用工、用料和机械使用。

2. 场内运输包括施工点50 m范围以内的材料搬运。本定额运距范围以外的苗木运输费，包含在苗木预算价中。

3. 乔木胸径为地表以上1.2 m高处树干的直径。

4. 冠丛高为地表至灌木顶端的高度。

四、排水沟、标志标牌、标志桩材质及尺寸见附录6。

九－1 钢管栏杆

适用范围：桥梁。

工作内容：钢管及钢板的切割、钢管挖眼、调直、安装、焊接、校正、固定、油漆，混凝土拌制、运输、浇筑、捣脚、养护。

单位：1 t

项　　目	单位	数量
工　　长	工时	28.1
高 级 工	工时	78.6
中 级 工	工时	98.3
初 级 工	工时	75.8
合　　计	工时	280.8
混 凝 土	m^3	0.06
钢　　管	t	1.04
钢　　板	kg	4.00
电 焊 条	kg	3.20
油　　漆	kg	12.67
其他材料费	%	0.5
电 焊 机　25 kVA	台时	2.24
其他机械费	%	5
编　　号		HF9001

九－2 路缘石拆除

工作内容：人工拆除、清理、堆放。

单位：100 延米

项　目	单位	数量
工　长	工时	1.3
高级工	工时	
中级工	工时	
初级工	工时	25.2
合　计	工时	26.5
零星材料费	%	5
编　号		HF9002

九 -3 路面拆除

适用范围：堤防道路。

工作内容：挖除旧路面、清理废料、场地清理、平整。

单位：1000 m^2

项　　目	单位	面层	基层
工　　长	工时	12.8	3.6
高 级 工	工时		
中 级 工	工时		
初 级 工	工时	243.2	68.4
合　　计	工时	256.0	72.0
油动式空压机　3 m^3/min	台时	24.32	
推 土 机　132 kW	台时		21.12
其他机械费	%	10	
编　　号		HF9003	HF9004

注：1. 挖出的废渣需远运时，另按相应的运输定额计算。

2. 本定额面层厚度按 5 cm、基层厚度按 30 cm 拟定。

九－4　水闸监测设施

(1) 测压管

工作内容：管口保护装置：测点放线、砌砖、钢筋制作与安装、预制盖板制作与安装。

预埋测压管：测孔、密封检查、进水管加工、滤水箱制作与安装、测压管安装、回填、管顶盖安装等。

钻孔测压管：测孔、钻孔、密封检查、进水管加工、测压管安装、回填、管顶盖安装等。

项　　目	单位	管口保护装置（个）	预埋测压管（孔）	钻孔测压管（孔）
工　　长	工时	0.1	4.4	5.8
高 级 工	工时	0.3	8.7	11.6
中 级 工	工时	1.3	21.8	29.0
初 级 工	工时	1.8	52.4	69.6
合　　计	工时	3.5	87.3	116.0
混 凝 土	m^3	0.03		
钢　　筋	kg	3.3		
100目铁丝网	m^2		0.52	0.52
砂	m^3		0.35	
黏　　土	t			1.8
合金钻头	个			0.2
膨 润 土	m^3			0.07
水	m^3			80
砖　240 mm×115 mm×53 mm	块	66		

续表

项　　目	单位	管口保护装置（个）	预埋测压管（孔）	钻孔测压管（孔）
水泥砂浆	m^3	0.04		
钢　　管　Φ50 mm×3.5 mm	kg		46.7	46.7
直套管接头　Φ60 mm×3.5 mm	kg		2.01	2.01
管顶盖	套		1	1
其他材料费	%	10	5	10
灰浆搅拌机	台时	0.02		
泥浆搅拌机	台时			2.40
电　　钻	台时		20.00	
电焊机　25 kVA	台时	0.03	0.47	0.47
载重汽车　8 t	台时		0.04	0.04
地质钻机　150 型	台时			6.00
泥浆泵　HB80/10 型	台时			6.00
其他机械费	%	15	15	15
编　　号		HF9005	HF9006	HF9007

(2) 渗压计

工作内容：渗压计浸泡、包沙袋、埋设、回填、测读初值。

单位：支

项　　目	单位	数量
工　　长	工时	1.8
高 级 工	工时	3.6
中 级 工	工时	18.0
初 级 工	工时	12.6
合　　计	工时	36.0
零星材料费	%	20
编　　号		HF9008

注：渗压计埋设不含电缆及电缆保护管，不含仪器率定费用。

（3）沉陷

工作内容：工作基点：测点放线，开挖，基底夯实，铺碎石垫层，砌砖，模板制作、安装、拆除，混凝土浇筑、养护，钢筋制作、安装，预埋件加工与埋设，金属沉陷点埋设，预制盖板制作与安装，回填土。

闸墩沉陷点：测点放线、预埋件加工与埋设、金属沉陷点埋设。

涵洞沉陷点：测孔放线、钢管加工与埋设、管口钢板封口焊接、金属沉陷标点焊接。

单位：点

项目	单位	工作基点	闸墩沉陷点	涵洞沉陷点	
				深式标点	沉陷点
工长	工时	0.9	0.7	3.6	0.6
高级工	工时	1.9	1.3	7.1	1.2
中级工	工时	8.1	3.3	19.8	3.0
初级工	工时	13.5	7.9	42.8	7.1
合计	工时	24.4	13.2	73.3	11.9
混凝土	m^3	0.12			
锯材	m^3	0.02			
铁件	kg	0.13			
预埋铁件	kg	2.00			

续表

项目		单位	工作基点	闸墩沉陷点	涵洞沉陷点	
					深式标点	沉陷点
钢筋		kg	2.86			
砖	240 mm×115 mm×53 mm	块	147			
水泥砂浆		m^3	0.07			
碎石		m^3	0.1			
钢管	Φ48 mm×3.5 mm	kg			39.55	
直套管接头	Φ55 mm×3.5 mm	kg			0.92	
金属沉陷点		个	1.0	1.0	1.0	1.0
电焊条		kg			1.5	
其他材料费		%	10	10	15	15
电焊机	25 kVA	台时	0.53		1.45	
风钻	手持式	台时		0.50		0.20
载重汽车	8 t	台时			0.04	
其他机械费		%	20	15	15	15
混凝土拌制		m^3	0.12			
混凝土运输		m^3	0.12			
编号			HF9009	HF9010	HF9011	HF9012

（4）水平位移

工作内容：工作基点：测点布置，开挖，基底夯实，模板制作、安装、拆除，混凝土浇筑、养护，钢筋制作、安装，强制对中盘安装。

水平位移测点：测点布置，模板制作、安装、拆除，混凝土浇筑、养护，钢筋制作、安装，强制对中盘安装。

单位：点

项　目	单位	工作基点	水平位移测点
工　长	工时	0.7	0.2
高级工	工时	1.8	0.4
中级工	工时	12.2	5.1
初级工	工时	6.6	1.6
合　计	工时	21.3	7.3
混凝土	m^3	1.19	0.10
锯　材	m^3	0.03	0.03
铁　件	kg	0.31	0.26
预埋铁件	kg	4.66	3.88
钢　筋	kg	11.05	4.75
其他材料费	%	15	15
振动器　1.1 kW	台时	0.41	0.03
电焊机　25 kVA	台时	0.11	0.05
其他机械费	%	15	15
混凝土拌制	m^3	1.19	0.1
混凝土运输	m^3	1.19	0.1
编　号		HF9013	HF9014

九－5 排水沟

(1) 预制混凝土排水沟

适用范围：堤防工程。

工作内容：挖沟，修底，夯实，垫层铺筑，混凝土预制、运输、铺筑、灌缝、养护。

单位：100 m

项目	单位	堤防排水沟	淤区顶部排水沟
工长	工时	11.9	9.4
高级工	工时	27.7	22.0
中级工	工时	106.5	86.4
初级工	工时	240.9	196.5
合计	工时	387.0	314.3
组合钢模板	kg	7.06	7.06
铁件	kg	1.49	1.49
土	m^3	21.48	21.48
生石灰	t	4.54	4.54
混凝土	m^3	6.06	6.06
水泥砂浆	m^3	0.32	0.32
水	m^3	18.28	18.28
其他材料费	%	5	5
搅拌机 0.4 m^3	台时	1.11	1.11
胶轮车	台时	5.63	5.63
振动器 1.1 kW	台时	3.34	3.34
手扶拖拉机 11 kW	台时	4.50	4.50
蛙式打夯机 2.8 kW	台时	13.33	13.63
其他机械费	%	10	10
编号		HF9015	HF9016

注：1. 河道整治工程排水沟套用堤防排水沟；

2. 每增加一个消力池，排水沟工程量增加 1 m。

（2）现浇混凝土排水沟

适用范围：堤防工程。

工作内容：挖沟，修底，夯实，垫层铺筑，模板制作、安装、拆除，混凝土拌制、运输、浇筑、振捣及养护。

单位：100 m

项　　目	单位	堤防排水沟	淤区顶部排水沟
工　　长	工时	12.5	11.1
高 级 工	工时	27.8	27.8
中 级 工	工时	75.0	75.0
初 级 工	工时	223.0	155.2
合　　计	工时	338.3	269.1
组合钢模板	kg	38.19	38.19
型　　钢	kg	20.63	20.63
卡 扣 件	kg	12.16	12.16
铁　　件	kg	0.72	0.72
预埋铁件	kg	13.77	13.77
电 焊 条	kg	1.19	1.19
土	m^3	21.48	21.48
生 石 灰	t	4.54	4.54
混 凝 土	m^3	6.37	6.37
水	m^3	11.53	11.53
其他材料费	%	2	2
搅 拌 机　0.4 m^3	台时	1.15	1.15
胶 轮 车	台时	5.29	5.29
机动翻斗车　1 t	台时	1.99	1.99
振 动 器　1.1 kW	台时	2.72	2.72
电 焊 机　25 kVA	台时	1.30	1.30
蛙式打夯机　2.8 kW	台时	13.33	13.63
其他机械费	%	15	15
编　　号		HF9017	HF9018

注：1. 河道整治工程排水沟套用堤防排水沟；

2. 每增加一个消力池，排水沟工程量增加 1 m。

（3）堤顶边埂侧缘石

适用范围：堤防工程。

工作内容：放样，开槽，原土夯实，预制、安砌混凝土侧缘石，勾缝，清理。

单位：100 m

项　　目	单位	数量
工　　长	工时	4.3
高 级 工	工时	11.9
中 级 工	工时	47.9
初 级 工	工时	66.8
合　　计	工时	130.9
组合钢模板	kg	2.73
铁　　件	kg	0.53
混 凝 土	m^3	2.97
水泥砂浆	m^3	0.12
水	m^3	7.13
其他材料费	%	5
搅 拌 机　0.4 m^3	台时	0.55
胶 轮 车	台时	2.76
手扶拖拉机　11 kW	台时	2.26
蛙式打夯机　2.8 kW	台时	1.63
其他机械费	%	15
编　　号		HF9019

九－6　机　井

适用范围：井深 50 m 以内，钻井孔径 800 mm 以内。

工作内容：钻孔、泥浆固壁、井管安装、填滤料、洗井、井盖制作安装。

单位：100 m

项　　目	单位	地层				
		松散层Ⅰ类	松散层Ⅱ类	松散层Ⅲ类	松散层Ⅳ类	松散层Ⅴ类
工　　长	工时	74.0	80.0	100.0	107.0	114.0
高 级 工	工时	291.0	314.0	394.0	425.0	449.0
中 级 工	工时	819.0	881.0	1100.0	1185.0	1252.0
初 级 工	工时	301.0	323.0	403.0	434.0	458.0
合　　计	工时	1485.0	1598.0	1997.0	2151.0	2273.0
井　　管	m	103.00	103.00	103.00	103.00	103.00
黏　　土	m^3	20.53	22.63	25.73	28.73	31.83
滤　　料	m^3	6.67	6.67	6.67	6.67	6.67
井盖混凝土	m^3	0.22	0.22	0.22	0.22	0.22
水	m^3	38.20	46.30	61.80	77.20	92.70
钻　　头	个	1.90	2.50	3.40	4.60	5.50
钻　　杆	m	1.60	2.10	2.60	3.20	3.90
其他材料费	%	2	2	2	2	2

续表

项　　目	单位	地层				
		松散层Ⅰ类	松散层Ⅱ类	松散层Ⅲ类	松散层Ⅳ类	松散层Ⅴ类
地质钻机　300 型	台时	132.40	176.40	209.60	252.00	297.00
泥浆泵　3PN	台时	60.80	74.40	138.80	173.60	208.40
泥浆搅拌机	台时	4.40	5.60	7.60	9.20	11.20
离心水泵　11～17 kW	台时	170.00	170.00	170.00	170.00	170.00
其他机械费	%	5	5	5	5	5
编　　号		HF9020	HF9021	HF9022	HF9023	HF9024

注： 1. 井管数量包括实管和花管，其比例按照设计确定；

2. 钻井井径不同时，定额乘以下列系数：

井径（mm）	600～650	650～700	700～800
系数	0.85	0.92	1

3. 钻井孔深不同时，定额乘以下列系数：

孔深（m）	≤50	50～100
系数	1	1.25

4. 地层分类见附录4。

九－7　防洪工程植树

(1) 防浪林

适用范围：乔木：胸径3～5 cm；

灌木：冠丛高100 cm以内。

工作内容：平整场地、挖坑、栽植、浇水、覆土保墒、整理。

单位：100株

项　目	单位	乔木	灌木
工　长	工时	1.0	0.8
高级工	工时		
中级工	工时		
初级工	工时	39.0	31.2
合　计	工时	40.0	32.0
树　木	株	105.00	105.00
水	m^3	2.50	2.50
其他材料费	%	2	2
推土机 74 kW	台时	0.71	0.17
编　号		HF9025	HF9026

(2) 行道林

适用范围：堤顶行道林，树木胸径不小于5 cm。

工作内容：挖坑、栽植、浇水、覆土保墒、整理。

单位：100 株

项目	单位	胸径（cm）	
		5 ~ 7	7 ~ 10
工长	工时	3.3	5.0
高级工	工时		
中级工	工时		
初级工	工时	129.7	195.0
合计	工时	133.0	200.0
乔木	株	103.00	103.00
水	m^3	5.00	7.50
其他材料费	%	2	2
编号		HF9027	HF9028

（3）适生林

适用范围：淤区适生林，树木胸径2～5 cm。

工作内容：挖坑、栽植、浇水、覆土保墒、整理。

单位：100 株

项　目	单位	人力挖坑	机械挖坑
工　长	工时	0.9	0.4
高 级 工	工时		
中 级 工	工时		
初 级 工	工时	35.1	16.1
合　计	工时	36.0	16.5
乔　木	株	105.00	105.00
水	m^3	4.00	4.00
其他材料费	%	2	2
挖 坑 机	台时		1.75
编　号		HF9029	HF9030

（4）护堤地林

适用范围：护堤地林。

工作内容：平整场地、挖坑、栽植、浇水、覆土保墒、整理。

单位：100 株

项　　目	单位	胸径（cm）	
		3～5	5～7
工　　长	工时	1.0	2.0
高 级 工	工时		
中 级 工	工时		
初 级 工	工时	39.0	71.0
合　　计	工时	40.0	73.0
乔　　木	株	105.00	105.00
水	m^3	2.50	5.00
其他材料费	%	2	2
推 土 机　74 kW	台时	0.71	0.71
编　　号		HF9031	HF9032

九 - 8　标志标牌

（1）工程管理责任牌

工作内容：不锈钢面板：基础开挖、回填，预制混凝土面板，安装不锈钢板。

有机玻璃面板：基础开挖、回填，底座混凝土浇筑及钢筋制作与安装，预埋法兰，安装立柱、有机玻璃。

单位：个

项　　目		单位	不锈钢面板	有机玻璃面板
工　　长		工时	0.6	0.6
高 级 工		工时	1.8	2.3
中 级 工		工时	7.9	5.1
初 级 工		工时	5.8	4.6
合　　计		工时	16.1	12.6
组合钢模板		kg	2.08	0.11
铁　　件		kg	2.95	0.05
钢　　筋		kg	16.63	17.00
电 焊 条		kg		1.50
不锈钢管	Φ100 mm	kg		40.00
不锈钢管	Φ150 mm	kg		15.66
不锈钢板	1 mm	kg	46.12	11.27
有机玻璃		m^2		6.41
混 凝 土		m^3	0.16	0.16
其他材料费		%	5	5
搅 拌 机	0.4 m^3	台时	0.03	0.03
胶 轮 车		台时	0.13	0.13
振 动 器	1.1 kW	台时	0.07	0.07
载重汽车	5 t	台时	0.07	
电 焊 机	25 kVA	台时		1.50
型钢剪断机		台时		0.08
其他机械费		%	15	15
编　　号			HF9033	HF9034

(2) 交界牌

工作内容：基础开挖、回填，混凝土浇筑及钢筋制安，刷漆，预埋法兰底座，安装立柱，安装标志。

单位：个

项　　目		单位	数量
工　　长		工时	2.3
高 级 工		工时	5.8
中 级 工		工时	26.0
初 级 工		工时	31.3
合　　计		工时	65.4
组合钢模板		kg	1.51
无缝钢管	Φ168 mm	kg	189.00
镀锌铁件		kg	74.50
标 志 牌	铝合金 3.5 mm	块	1
	合成树脂 5 mm	块	1
钢　　筋		kg	30.00
混 凝 土		m^3	2.20
其他材料费		%	5
搅 拌 机	0.4 m^3	台时	0.39
胶 轮 车		台时	1.79
振 动 器	1.1 kW	台时	0.95
载重汽车	5 t	台时	0.56
汽车起重机	5 t	台时	0.56
其他机械费		%	15
编　　号			HF9035

（3）简介牌

工作内容：险工、控导简介牌：基础开挖、回填，拌浆，洒水，砌砖，贴大理石面砖及蘑菇石。
水闸简介牌：基础开挖、回填，拌浆，洒水，砌砖，贴蘑菇石，大理石吊装。

单位：个

项目	单位	险工简介牌	控导简介牌	水闸简介牌
工长	工时	4.6	11.5	1.0
高级工	工时	8.1	19.5	1.7
中级工	工时	41.2	109.5	8.3
初级工	工时	54.0	144.0	11.7
合计	工时	107.9	284.5	22.7
砖	千块	1.46	5.14	0.23
水泥砂浆	m^3	1.07	3.34	0.17
蘑菇石板材	m^2	4.43	6.92	2.60
乳液型建筑胶粘剂	kg	7.33	17.76	1.07
大理石面砖	m^2	13.37	36.21	
大理石	块			1
其他材料费	%	5	5	5
搅拌机 0.4 m^3	台时	0.19	0.61	0.03
胶轮车	台时	1.56	5.51	0.25
汽车起重机 5 t	台时			0.17
其他机械费	%	10	10	10
编号		HF9036	HF9037	HF9038

注：刻字、刷漆费用包含在大理石、大理石面砖预算价中。

（4）交通标志牌

工作内容：挖坑、回填，混凝土浇筑及钢筋制作与安装，刷漆，预埋法兰底座，安装立柱，安装标志。

单位：个

项　　目		单位	警告、禁令标志牌	交通指示牌
工　　长		工时	0.8	2.3
高 级 工		工时	1.2	5.8
中 级 工		工时	11.0	26.0
初 级 工		工时	16.6	31.3
合　　计		工时	29.6	65.4
组合钢模板		kg	0.84	1.51
镀锌铁件		kg	28.60	74.50
无缝钢管	Φ108 mm	kg	25.14	
	Φ168 mm	kg		189.00
标 志 牌	铝合金 3 mm	块	1	1
	合成树脂 3.5 mm	块	1	1
钢　　筋		kg	4.00	30.00
混 凝 土		m^3	1.24	2.20
其他材料费		%	5	5
搅 拌 机	0.4 m^3	台时	0.22	0.39
胶 轮 车		台时	1.00	1.79
振 动 器	1.1 kW	台时	0.53	0.95
汽车起重机	5 t	台时	0.24	0.56
载重汽车	5 t	台时	0.24	0.56
其他机械费		%	15	15
编　　号			HF9039	HF9040

九 -9　标志桩

工作内容：预制混凝土构件：定位、混凝土及钢筋的全部工序、埋设、油漆。

石材构件：定位、埋设、油漆。

（1）千米桩、百米桩、坝号桩、根石断面桩

单位：100 根

项　　目	单位	千米桩	百米桩		坝号桩	根石断面桩
			混凝土	石材		
工　　长	工时	7.9	3.1	0.3	0.6	1.3
高　级　工	工时					
中　级　工	工时	105.4	56.7	32.5	33.6	52.4
初　级　工	工时	108.0	45.2	20.3	37.2	28.3
合　　计	工时	221.3	105.0	53.1	71.4	82.0
组合钢模板	kg	29.88	9.34			5.60
铁　　件	kg	7.34	2.30			1.38
钢　　筋	kg	210.00	116.72			
油　　漆	kg	8.68	5.15	5.15	8.68	0.81
石　　材	根			103	103	
混　凝　土	m^3	3.71	1.16			0.70
水	m^3	5.76	1.80			1.08
其他材料费	%	5	5	2	2	5
搅　拌　机　0.4 m^3	台时	0.67	0.21			0.12
胶　轮　车	台时	3.08	0.96			0.58
载重汽车　5 t	台时	1.51	0.47	0.47	1.51	0.28
其他机械费	%	5	5	5	5	5
编　　号		HF9041	HF9042	HF9043	HF9044	HF9045

注：1. 千米桩定额子目为混凝土材质，石材千米桩采用坝号桩定额子目；

2. 石材标志桩刻字费用包含在石材预算价中。

（2）高标桩、滩岸桩、边界桩、交通警示桩

单位：100 根

项　　目	单位	高标桩	滩岸桩、边界桩	交通警示桩
工　　长	工时	36.8	7.7	6.6
高 级 工	工时			
中 级 工	工时	393.2	109.9	98.8
初 级 工	工时	497.3	95.8	86.8
合　　计	工时	927.3	213.4	192.2
组合钢模板	kg	102.54	28.22	24.28
铁　　件	kg	27.18	6.94	5.97
钢　　筋	kg	1156.68	245.82	208.85
油　　漆	kg	83.01	22.50	22.50
混 凝 土	m^3	24.51	3.50	3.01
水	m^3	33.08	5.44	4.68
其他材料费	%	5	5	5
搅 拌 机　0.4 m^3	台时	4.42	0.63	0.55
胶 轮 车	台时	20.35	2.91	2.50
汽车起重机　5 t	台时	2.94		
载重汽车　5 t	台时	4.73	1.42	1.22
其他机械费	%	5	5	5
编　　号		HF9046	HF9047	HF9048

附录 1　土类分级表

土质级别	土质名称	自然湿容重（kg/m^3）	外形特征	开挖方法
Ⅰ	1. 砂土 2. 种植土	1650 ~ 1750	疏松，黏着力差或易透水，略有黏性	用锹或略加脚踩开挖
Ⅱ	1. 壤土 2. 淤泥 3. 含壤种植土	1750 ~ 1850	开挖时能成块，并易打碎	用锹需用脚踩开挖
Ⅲ	1. 黏土 2. 干燥黄土 3. 干淤泥 4. 含少量砾石黏土	1800 ~ 1950	粘手，看不见砂粒或干硬	用镐、三齿耙工具开挖或用锹需用力加脚踩开挖
Ⅳ	1. 坚硬黏土 2. 砾质黏土 3. 含卵石黏土	1900 ~ 2100	土壤结构坚硬，将土分裂后成块状或含黏粒砾石较多	用镐、三齿耙工具开挖

附录2　水力冲挖机组土类划分表

土类	土类名称	自然容重（kg/m^3）	外形特征	开挖方法
Ⅰ	1. 稀淤	1500～1800	含水饱和，搅动即成糊状	不成锹，用桶装运
	2. 流砂		含水饱和，能缓缓流动，挖而复涨	
Ⅱ	1. 砂土	1650～1750	颗粒较粗，无凝聚性和可塑性，空隙大，易透水	用铁锹开挖
	2. 砂壤土		土质松软，由砂及壤土组成，易成浆	
Ⅲ	1. 烂淤	1700～1850	行走陷足，粘锹粘筐	用铁锹或长苗大锹开挖
	2. 壤土		手触感觉有砂的成分，可塑性好	
	3. 含根种植土		有植物根系，能成块，易打碎	

附录3　钻机钻孔工程地层分类与特征表

地层名称	特　征
1. 黏土	塑性指数＞17，人工回填压实或天然的黏土层，包括黏土含石
2. 砂壤土	1＜塑性指数≤17，人工回填压实或天然的砂壤土层。包括土砂、壤土、砂土互层、壤土含石和砂土
3. 淤泥	包括天然孔隙比＞1.5 时的淤泥和 1＜天然孔隙比≤1.5 的黏土和亚黏土
4. 粉细砂	d_{50}≤0.25 mm，塑性指数≤1，包括粉砂、粉细砂含石
5. 中粗砂	0.25 mm＜d_{50}≤2 mm，包括中粗砂含石
6. 砾石	粒径 2～20 mm 的颗粒占全重 50% 的地层，包括砂砾石和砂砾
7. 卵石	粒径 20～200 mm 的颗粒占全重 50% 的地层，包括砂砾卵石
8. 漂石	粒径 200～800 mm 的颗粒占全重 50% 的地层，包括漂卵石
9. 混凝土	指水下浇筑，龄期不超过 28 d 的防渗墙接头混凝土
10. 基岩	指全风化、强风化、弱风化的岩石
11. 孤石	粒径＞800 mm 需作专项处理，处理后的孤石按基岩定额计算

注：1、2、3、4、5 项包括含石量≤50% 的地层。

附录 4　水文地质钻探地层分类表

地层分类	地层名称
松散层Ⅰ类	耕土，填土，淤泥，泥炭，可塑性黏土，粉土，软砂藻土，粉砂，细砂，中砂，含圆（角）砾及硬杂质在 10% 以内的黏性土、粉土，新黄土
松散层Ⅱ类	坚硬的黏性土，老黄土，粗砂，砂砾，含圆（角）砾，卵石（碎石）及硬杂质在 10% ~ 20% 的黏性土、粉土和填土
松散层Ⅲ类	圆（角）砾层，含卵石（碎石）及硬杂质在 20% ~30% 的黏性土、粉土
松散层Ⅳ类	冻土层，粒径在 20 ~ 50 mm、含量超过 50% 的卵石（碎石）层，含卵石在 30% ~50% 的黏性土、粉土
松散层Ⅴ类	粒径在 50 ~ 150 mm、含量超过 50% 的卵石（碎石）层，强风化各类岩石

附录 5　无砂混凝土配合比表

单位：1 m^3

水泥强度等级	最大粒径（mm）	配合比		预算量		
		水泥	石子	水泥（kg）	碎石（m^3）	水（m^3）
42.5	20	1	5	318	1.1	0.12

附录 6　其他工程特性表

序号	名称	材质及尺寸
1	排水沟	
1.1	排水沟	混凝土梯形断面，上口净宽 36 cm，底净宽 30 cm，净深 16 cm，壁厚 8 cm，排水沟两侧及底部采用三七灰土垫层，厚度 15 cm
1.2	堤顶边埂侧缘石	预制混凝土块侧缘石，长 × 宽 × 高为 80 cm × 10 cm × 30 cm，埋深 15 cm

续表

序号	名称	材质及尺寸
2	防洪工程植树	
2. 1	防浪林	乔木树坑尺寸：长×宽×高为 40 cm×40 cm×40 cm； 灌木树坑尺寸：长×宽×高为 30 cm×30 cm×30 cm
2. 2	行道林	胸径 5～7 cm　树坑尺寸：长×宽×高为 60 cm×60 cm×60 cm； 胸径 7～10 cm　树坑尺寸：长×宽×高为 80 cm×80 cm×80 cm
2. 3	适生林	树坑尺寸：长×宽×高为 40 cm×40 cm×40 cm
2. 4	护堤地林	树坑尺寸：长×宽×高为 40 cm×40 cm×40 cm
3	标志标牌	
3. 1	工程管理责任牌	
3. 1. 1	不锈钢面板责任牌	采用预制钢筋混凝土材质，责任牌面板尺寸为 120 cm×80 cm×12 cm，两侧为立柱，立柱断面 12 cm×12 cm，长 140 cm，埋深 70 cm，正反两侧镶不锈钢面板
3. 1. 2	有机玻璃面板责任牌	责任牌面板采用有机玻璃框体，尺寸为 2 m×1. 2 m，厚度 8 cm，下沿离地高度 80 cm，两侧立柱为钢管 Φ100 mm×2200 mm、外包不锈钢管 Φ150 mm，顶端采用高耐热的遮阳板，长度 2. 5 m，底座采用现浇混凝土

续表

序号	名称	材质及尺寸
3.2	交界牌	单悬臂式结构，立柱杆为Φ168 mm钢管立柱，总长6 m，牌面板尺寸为140 cm×100 cm，采用铝合金板3.5 mm或合成树脂5 mm，板面采用反光蓝底白字图案
3.3	简介牌	
3.3.1	险工简介牌	牌3 m×1.85 m×0.3 m，底座3.4 m×0.8 m×0.6 m，砖砌结构，底座外镶蘑菇石，碑面外贴大理石面砖
3.3.2	控导简介牌	牌5 m×3 m×0.5 m，底座5.4 m×0.8 m×0.8 m，砖砌结构，底座外镶蘑菇石，碑面外贴大理石面砖
3.3.3	水闸简介牌	牌1.5 m×1 m×0.15 m，整块大理石构件，基座1.9 m×0.45 m×0.6 m，砖砌结构，外镶蘑菇石
3.4	交通标志牌	
3.4.1	交通警示牌	参照《道路交通标志和标线》（GB 5768—2009），采用单柱式结构，立柱杆为Φ108 mm×4.5 mm×2200 mm钢管立柱；标志牌为三角形，边长80 cm，采用铝合金板3 mm或合成树脂3.5 mm
3.4.2	禁令标志牌	参照《道路交通标志和标线》（GB 5768—2009），采用单柱式结构，立柱杆为Φ108 mm×4.5 mm×2200 mm钢管立柱；标志牌为圆形，直径90 cm，采用铝合金板3 mm或合成树脂3.5 mm
3.4.3	交通指示牌	同交界牌

续表

序号	名称	材质及尺寸
4	标志桩	
4.1	千米桩	材料采用钢筋混凝土标准构件或坚硬石材，长×宽×高为30 cm×15 cm×80 cm，埋深40 cm
4.2	百米桩	材料采用钢筋混凝土标准构件或坚硬石材，长×宽×高为15 cm×15 cm×50 cm，埋深30 cm
4.3	坝号桩	材料采用坚硬料石，长×宽×高为30 cm×15 cm×80 cm，埋深40 cm
4.4	根石断面桩	材料采用钢筋混凝土标准构件，长×宽×高为15 cm×15 cm×30 cm，埋深30 cm
4.5	高标桩	材料采用预制钢筋混凝土构件，高标桩全长3.5 m，标牌为等边三角形，边长100 cm，厚15 cm，支架柱为正四棱柱，柱宽15 cm，埋深1 m，基础为混凝土墩
4.6	滩岸桩、边界桩	材料采用预制钢筋混凝土标准构件，长×宽×高为15 cm×15 cm×150 cm，埋深50 cm
4.7	交通警示桩	材料采用预制钢筋混凝土标准构件，长×宽×高为15 cm×15 cm×130 cm，埋深50 cm

第二篇　设备安装工程预算定额

总 说 明

一、《黄河防洪设备安装工程预算定额》（以下简称本定额）是根据黄河防洪工程建设实际，对水利部颁发的《水利水电设备安装工程预算定额》（1999）的补充，章的编号与其一致，分为电气设备安装、起重设备安装、闸门安装，共三章。

二、本定额适用于黄河防洪工程，是编制工程预算的依据和编制工程概算的基础。可作为编制工程招标标底和投标报价的参考。

三、本定额根据国家和有关部门颁发的定额标准、施工技术规范、验收规范等进行编制。

四、本定额适用于下列主要施工条件：

1. 设备、附件、构件、材料符合质量标准及设计要求。

2. 设备安装条件符合施工组织设计要求。

3. 按每天三班制和每班八小时工作制进行施工。

五、本定额中人工、材料、机械台时等均以实物量表示。

六、本定额中材料及机械仅列出主要材料和主要机械的品种、型号、规格及数量，次要材料和一般小型机械及机具已分别按占主要材料费和主要机械费的百分率计入“其他材料费”和“其他机械费”中。使用时如有品种、型号、规格不同，不分主次均不作调整。

七、本定额未计价材料的用量，应根据施工图设计量并计入规定的操作消耗量计算。

八、本定额中人工、机械用量是指完成一个定额子目工作内容，所需的全部人工和机械。包括基本工作、准备与结束、辅助生产、不可避免的中断、必要的休息、工程检查、交接班、班内工作干扰、夜间施工工效影响、常用工具和机械的维修、保养、加油、加水等全部工作。

目　录

第七章　电气设备安装

第十一章　起重设备安装

第十二章　闸门安装

第七章

电气设备安装

说　明

一、本章包括干式变压器、油浸式变压器、变压器干燥、变压器油过滤、柴油发电机组、跌落式熔断器、杆上避雷器、组合式变电站、高压开关柜（真空断路器）安装，共9节。

二、本章定额子目工作内容

1. 干式变压器安装

本节分干式变压器≤500 kVA/35 kV、≤1000 kVA/35 kV、≤2000 kVA/35 kV三个子目，以“台”为计量单位。

变压器如带有保护外罩，人工、机械乘以1.2系数。

工作内容包括搬运、开箱、器身检查、本体就位，垫铁制作、安装，附件安装，接地，配合电气试验。

2. 油浸式变压器安装

本节分台上变压器≤80 kVA/10 kV、≤160 kVA/10 kV，杆上变压器≤80 kVA/10 kV、≤160 kVA/10 kV四个子目，以“台”为计量单位。

变压器油按设备自带考虑，但施工中变压器油的过滤损耗以及操作损耗已包括在相关定额中；干式电力变压器安装按相同电压等级、容量的油浸式变压器（台上）定额乘以0.7系数。

杆上变压器安装工作内容包括支架、横担、撑铁安装，设备安装固定、检查、调整、配线、接线、接地、补漆、配合电气试验。

台上变压器安装工作内容包括搬运、开箱、检查，本体就位，垫铁及附件制作、安装，接地，补漆，配合电气试验。

杆上变压器安装中台架、瓷瓶、连引线、金具及接线端子等按未计价材料，依据设计的规格另行计算。

3. 变压器干燥

本节分油浸式变压器≤80 kVA/10 kV、≤160 kVA/10 kV 两个子目，以“台”为计量单位。

变压器通过试验，判定绝缘材料受潮时才需要干燥。

工作内容包括干燥维护、干燥用机具装拆、检查、记录、整理、清扫收尾及注油。

4. 变压器油过滤

本子目以“t”为计量单位。

根据制造厂提供的油量计算，不论过滤几次，直到合格为止。

工作内容包括过滤前的准备及过滤后的清理、油过滤、取油样、配合试验。

5. 柴油发电机组安装

本节分柴油发电机组≤100 kW、≤200 kW、≤400 kW 三个子目，以“组”为计量单位。

柴油发电机所需的底座费用，应根据设计图纸按有关定额另行计算。

安装排气系统所用的镀锌钢管、U 型钢、弯头、法兰盘、法兰螺栓、膨胀螺栓等主要材料按未计价材料，依据设计的规格另行计算。

柴油发电机组安装工作内容包括现场搬运、开箱检验、稳机找平、安装固定、接地、绝缘测量、试车（10 h）等。

安装排气系统工作内容包括清点材料、丈量尺寸、排气管加工套丝（或焊接）、焊法兰盘、垫石棉垫、安装固定（含吊挂）、安装波纹管及消音器等。

6. 跌落式熔断器安装

本节以“组”为计量单位，每组为 3 只。

跌落式熔断器安装中连引线、绝缘子、横担及金具等按未计价材料，依据设计的规格另行计算。

工作内容包括搬运、开箱检查，支架、横担、撑铁安装，设备安装固定、检查、调整、配线、接线。

7. 杆上避雷器安装

本节分避雷器0.4 kV、10 kV 两个子目，以“组”为计量单位，每组为3只。

杆上避雷器安装中连引线、绝缘子、横担及金具等按未计价材料，依据设计的规格另行计算。

工作内容包括搬运、开箱检查，支架、横担、撑铁安装，设备安装固定、检查、调整、配线、接线、接地、配合电气试验。

8. 组合式变电站安装

本节组合式变电站为带高压开关柜组合式变电站，分≤100 kVA/10 kV、≤315 kVA/10 kV 两个子目，以“台”为计量单位。

工作内容包括搬运、开箱、检查、安装固定、接线、接地、配合电气试验。

9. 高压开关柜（真空断路器）安装

本节分10 kV 高压开关柜（真空断路器）、35 kV 高压开关柜（真空断路器）两个子目，以“台”为计量单位。

工作内容包括搬运、开箱检查，就位、找正、固定、柜间连接，断路器解体检查，联锁装置检查，断路器调整，其他设备检查，导体接触面检查，二次元件拆装，校接线，接地，刷漆、配合电气试验。

七-1 干式变压器

单位：台

项目		单位	35 kV 容量（kVA）		
			≤500	≤1000	≤2000
工长		工时	5.4	7.0	8.4
高级工		工时	26.8	35.1	41.9
中级工		工时	39.3	51.5	61.5
初级工		工时	17.9	23.4	27.9
合计		工时	89.4	117.0	139.7
棉纱头		kg	0.50	0.50	0.50
棉布		kg	0.10	0.10	0.10
铁砂布		张	2.00	2.00	2.00
塑料布		m^2	2.00	2.50	2.50
电焊条		kg	0.30	0.30	0.30
汽油	70#	kg	0.50	1.00	1.50
镀锌铁丝	8# ~12#	kg	1.00	2.00	2.65
调和漆		kg	2.50	3.00	3.00
防锈漆		kg	0.50	1.00	1.00
钢板垫板		kg	4.00	6.00	6.50
钢锯条		根	1.00	1.00	1.00
电力复合脂		kg	0.05	0.05	0.05
镀锌扁钢	-40×4	kg	4.50	4.50	4.50
镀锌螺栓	M20×100以内	套	4.10	4.10	4.10
其他材料费		%	20	20	20
汽车起重机	5 t	台时	0.77		
汽车起重机	8 t	台时		2.56	2.88
载重汽车	5 t	台时	0.77		
载重汽车	8 t	台时		1.41	1.60
交流电焊机	25 kVA	台时	1.92	1.92	2.56
其他机械费		%	10	10	10
编号			HF0701	HF0702	HF0703

七－2　油浸式变压器

（1）台上变压器

单位：台

项　　目		单位	10 kV 容量（kVA）	
			≤80	≤160
工　　长		工时	2.7	3.0
高 级 工		工时	13.6	15.1
中 级 工		工时	22.6	25.2
初 级 工		工时	6.3	7.0
合　　计		工时	45.2	50.3
棉 纱 头		kg	0.39	0.42
塑 料 布		m^2	1.50	1.50
电 焊 条		kg	0.84	0.84
汽　　油	70#	kg	0.23	0.26
镀锌铁丝	8# ~ 12#	kg	1.00	1.00
调 和 漆		kg	0.28	0.30
防 锈 漆		kg	0.40	0.49
电力复合脂		kg	0.02	0.02
镀锌扁钢		kg	4.50	4.50
钢板垫板		kg	5.00	5.00
镀锌螺栓	M18×100 以内	套	4.10	4.10
醇酸磁漆		kg	0.20	0.20
其他材料费		%	12	12
汽车起重机	8 t	台时	2.07	2.30
载重汽车	5 t	台时	0.23	0.27
交流电焊机	25 kVA	台时	1.92	1.92
其他机械费		%	10	10
编　　号			HF0704	HF0705

(2) 杆上变压器

单位：台

项　　目	单位	10 kV 容量（kVA）	
		≤80	≤160
工　　长	工时	3.6	4.6
高 级 工	工时	17.8	23.2
中 级 工	工时	29.7	38.6
初 级 工	工时	8.3	10.8
合　　计	工时	59.4	77.2
棉 纱 头	kg	0.10	0.10
汽　　油　70#	kg	0.15	0.15
镀锌铁丝　8#～12#	kg	1.00	1.00
调 和 漆	kg	0.60	0.80
防 锈 漆	kg	0.30	0.50
钢板垫板	kg	4.08	4.08
钢 锯 条	根	1.50	1.50
电力复合脂	kg	0.10	0.10
镀锌圆钢　Φ10～14	kg	4.02	4.02
镀锌螺栓　M16×100 以内	套	4.10	4.10
其他材料费	%	12	12
汽车起重机　5 t	台时	3.20	3.20
其他机械费	%	10	10
编　　号		HF0706	HF0707

七-3　变压器干燥

单位：台

项　　目	单位	10 kV 容量（kVA）	
		≤80	≤160
工　　长	工时	2.6	3.3
高 级 工	工时	16.6	19.1
中 级 工	工时	27.2	31.3
初 级 工	工时	7.3	8.6
合　　计	工时	53.7	62.3
镀锌铁丝　8#～10#	kg	1.30	1.39
电	kW·h	100.40	122.80
滤 油 纸　300×300	张	54.00	54.00
石 棉 布　$\delta=2.5$	m^2	1.13	1.16
木　　材	m^3	0.10	0.10
磁化线圈　BLX-35	m	15.00	15.00
其他材料费	%	5	5
滤 油 机	台时	2.05	2.40
其他机械费	%	10	10
编　　号		HF0708	HF0709

七-4　变压器油过滤

单位：t

项　　目	单位	数量
工　　长	工时	1.6
高 级 工	工时	8.1
中 级 工	工时	13.5
初 级 工	工时	3.8
合　　计	工时	27.0
棉 纱 头	kg	0.30
镀锌铁丝　8#～12#	kg	0.40
钢　　板　$\delta=4\sim10$	kg	26.53
滤 油 纸　300×300	张	72.00
黑 胶 布　20 mm×20 m	卷	0.04
变压器油	kg	18.00
其他材料费	%	20
汽车起重机　5 t	台时	0.38
滤 油 机	台时	5.38
真空滤油机　≤100 L/min	台时	2.30
其他机械费	%	10
编　　号		HF0710

七－5　柴油发电机组

（1）柴油发电机组

单位：组

项　　目		单位	≤100 kW	≤200 kW	≤400 kW
工　　　长		工时	9.9	12.1	17.8
高　级　工		工时	49.7	60.5	89.1
中　级　工		工时	119.2	145.2	213.7
初　级　工		工时	19.8	24.2	35.6
合　　　计		工时	198.6	242.0	356.2
棉　纱　头		kg	0.56	0.57	0.75
棉　　　布		kg	0.77	0.83	1.05
塑　料　布		kg	1.68	1.68	2.79
电　焊　条		kg	0.24	0.24	0.33
镀锌铁丝	8#～12#	kg	2.00	3.00	4.00
镀锌扁钢		kg	9.00	9.00	13.50
白　　　布		m	0.27	0.31	0.46
平　垫　铁		kg	4.06	4.06	6.10
斜　垫　铁		kg	4.18	4.18	6.26
铁　　　钉		kg	0.03	0.04	0.07
煤　　　油		kg	3.32	3.45	3.96
柴　　　油		kg	31.08	43.62	55.80
机　　　油		kg	0.59	0.61	0.67
黄　　　油	钙基脂	kg	0.20	0.20	0.20
铅　　　油		kg	0.05	0.05	0.05
白　　　漆		kg	0.08	0.08	0.10
聚酯乙烯泡沫塑料		kg	0.14	0.14	0.17
其他材料费		%	20	20	20

续表

项目	单位	≤100 kW	≤200 kW	≤400 kW
汽车起重机 8 t	台时	1.28	1.92	
汽车起重机 16 t	台时			1.92
载重汽车 8 t	台时	1.60	2.40	3.20
内燃叉车 6 t	台时	1.28	1.92	2.56
交流电焊机 25 kVA	台时	0.64	0.64	1.28
其他机械费	%	15	15	15
编号		HF0711	HF0712	HF0713

（2）机组体外排气系统

单位：套

项目	单位	≤100 kW	≤200 kW	≤400 kW
工长	工时	2.8	3.0	3.4
高级工	工时	14.0	14.8	16.9
中级工	工时	33.6	35.6	40.7
初级工	工时	5.6	5.9	6.8
合计	工时	56.0	59.3	67.8
编号		HF0714	HF0715	HF0716

七－6 跌落式熔断器

单位：组

项　　目	单位	数量
工　　　　长	工时	0.7
高　　级　　工	工时	3.1
中　　级　　工	工时	4.1
初　　级　　工	工时	2.0
合　　　　计	工时	9.9
棉　　纱　　头	kg	0.10
调　　和　　漆	kg	0.20
防　　锈　　漆	kg	0.10
钢　　锯　　条	根	1.00
电力复合脂　一级	kg	0.05
镀锌圆钢　Φ10～14	kg	4.02
铁　绑　线　Φ2	m	3.60
镀锌螺栓　M12×100 以内	套	6.10
镀锌螺栓　M16×100 以内	套	3.10
其他材料费	%	5
编　　号		HF0717

七－7　杆上避雷器

单位：组

项　　目		单位	0.4 kV	10 kV
工　　　　长		工时	0.3	0.6
高　　级　　工		工时	1.6	3.2
中　　级　　工		工时	2.3	4.7
初　　级　　工		工时	1.0	2.1
合　　　　计		工时	5.2	10.6
棉　　纱　　头		kg	0.05	0.10
调　　和　　漆		kg	0.15	0.20
防　　锈　　漆		kg	0.08	0.10
钢　　锯　　条		根	0.50	1.00
电力复合脂		kg	0.05	0.05
镀　锌　圆　钢	Φ10～14	kg	4.02	4.02
铁　　绑　　线	Φ2	m	2.00	3.60
镀　锌　螺　栓	M12×100 以内	套	1.60	2.00
镀　锌　螺　栓	M16×100 以内	套	7.20	9.20
镀锌接地板	40×5×120	个	1.44	2.08
其他材料费		%	5	5
编　　号			HF0718	HF0719

七－8　组合式变电站

单位：台

项　　目		单位	10 kV 容量（kVA）	
			≤100	≤315
工　　长		工时	6.0	7.9
高 级 工		工时	30.0	39.3
中 级 工		工时	50.0	65.6
初 级 工		工时	14.0	18.4
合　　计		工时	100.0	131.2
棉 纱 头		kg	0.15	0.15
铁 砂 布		m^2	2.00	2.50
电 焊 条		kg	0.25	0.25
汽　　油	70#	kg	0.80	0.80
调 和 漆		kg	0.60	0.60
防 锈 漆		kg	0.60	0.60
钢板垫板		kg	11.00	14.50
钢 锯 条		根	1.00	1.00
电力复合脂		kg	0.20	0.20
镀锌扁钢		kg	144.00	168.00
白　　布		m	0.80	0.80
镀锌螺栓	M16×250 以内	套	6.10	6.10
其他材料费		%	12	12
汽车起重机	5 t	台时	3.20	3.20
载重汽车	5 t	台时	3.20	3.20
交流电焊机	25 kVA	台时	1.60	1.60
其他机械费		%	10	10
编　　号			HF0720	HF0721

七-9　高压开关柜（真空断路器）

单位：台

项目		单位	10 kV	35 kV
工长		工时	2.2	4.1
高级工		工时	9.3	17.7
中级工		工时	15.6	29.6
初级工		工时	4.0	7.7
合计		工时	31.1	59.1
棉纱头		kg	0.50	0.50
电焊条		kg	0.30	0.35
汽油	70#	kg	0.25	1.00
调和漆		kg	0.50	1.00
防锈漆		kg	0.50	0.50
电力复合脂		kg	0.30	0.30
镀锌扁钢		kg	5.00	5.00
平垫铁		kg	0.50	0.75
镀锌六角螺栓		kg	1.25	2.54
铜芯塑料绝缘线	500V BV-2.5	m	2.00	3.00
砂轮切割片	Φ400	片	0.50	0.50
其他材料费		%	10	10
汽车起重机	5 t	台时	0.64	1.28
载重汽车	5 t	台时	0.96	1.28
卷扬机	单筒慢速 3 t	台时	0.38	1.28
交流电焊机	25 kVA	台时	0.64	1.92
其他机械费		%	10	10
编号			HF0722	HF0723

第十一章

起重设备安装

说　明

一、本章包括桥式起重机、液压启闭机、卷扬式启闭机、螺杆式启闭机、电动葫芦、单轨小车、工字钢轨道安装，共7节。

二、本章定额子目工作内容

1. 桥式起重机安装

本节按桥式起重机起重能力分为5 t一个子目，以“台”为计量单位。

工作内容包括设备各部件清点、检查，行走机构安装，起重机构安装，行程限制器及其他附件安装，电气设备安装和调试，空载和负荷试验。

有关桥式起重机的跨度、整体或分段到货、单小车或双小车负荷试验方式等问题均已包括在定额内，使用时一律不作调整。

本节不包括轨道和滑触线安装、负荷试验物的制作和运输。

转子起吊如使用平衡梁，桥式起重机的安装按主钩起重能力加平衡梁重量之和选用子目，平衡梁的安装不再单列。

2. 液压启闭机安装

本节按液压启闭机设备自重分为3 t、5 t、7 t三个子目，以“台”为计量单位。

工作内容包括设备各部件清点、检查，埋设件及基础框架安装，设备本体安装，辅助设备及管路安装，油系统设备安装及油过滤，电气设备安装和调试，机械调整及耐压试验，机、电、液联调，与闸门连接及启闭试验。

本节不包括系统油管的安装和设备用油。

3. 卷扬式启闭机安装

本节按卷扬式启闭机设备自重分为1 t、2 t、3 t、4 t四个子目，以“台”为计量单位，适用于固定式或台车式、单节点和双节点卷扬式的闸门启闭机安装。

工作内容包括设备清点、检查，基础埋设，本体及附件安装，电气设备安装和调试，与闸门连接及启闭试验。

本节系按固定卷扬式启闭机拟定，如为台车式，安装定额乘以1.2系数，单节点和双节点式不作调整。

本节不包括轨道安装。

4. 螺杆式启闭机安装

本节按螺杆式启闭机自重分为0.5 t、1 t、2 t、3 t、4 t五个子目，以“台”为计量单位。

工作内容包括设备清点、检查，基础埋设，本体及附件安装，电气设备安装和调试，与闸门连接及启闭试验。

本节适用于电动或手、电两用的螺杆式闸门启闭机安装。

5. 电动葫芦安装

本节按电动葫芦起重能力分为1 t、3 t、5 t、10 t四个子目，以“台”为计量单位。

工作内容包括设备清点、检查，本体及附件安装，电气设备安装和调试，与闸门连接及启闭试验。

本节不包括轨道安装。

6. 单轨小车安装

本节按单轨小车起重能力分为1 t、3 t、5 t、10 t四个子目，以“台”为计量单位。

工作内容包括设备清点、检查，本体及附件安装，空载和负荷试验。

7. 工字钢轨道安装

本节按工字钢型号分为$I_{12.6}$、I_{14}、I_{16}、I_{18}四个子目，以“10 m”为计量单位。

工作内容包括预埋件埋设，轨道校正、安装，附件安装。

安装弧形轨道时，工字钢轨道子目中人工、机械定额乘以 1.2 系数。

未计价材料，包括轨道及主要附件。

十一-1 桥式起重机

单位：台

项　　目	单位	起重能力
		5 t
工　　长	工时	75.1
高 级 工	工时	377.3
中 级 工	工时	679.6
初 级 工	工时	377.3
合　　计	工时	1509.3
钢　　板	kg	60.80
型　　钢	kg	112.18
垫　　铁	kg	34.94
氧　　气	m^3	9.83
乙 炔 气	m^3	3.93
电 焊 条	kg	8.33
汽　　油　70#	kg	4.88
柴　　油　0#	kg	10.46
油　　漆	kg	7.07
木　　材	m^3	0.45
棉 纱 头	kg	8.51
机　　油	kg	6.43
黄　　油	kg	11.00
绝 缘 线	m	36.78
其他材料费	%	25
汽车起重机　8 t	台时	15.00
电动卷扬机　5 t	台时	26.36
电 焊 机　交流 25 kVA	台时	9.00
空气压缩机　9 m^3/min	台时	9.00
载重汽车　5 t	台时	6.00
其他机械费	%	10
编　　号		HF1101

十一－2 液压启闭机

单位：台

项目		单位	设备自重		
			3 t	5 t	7 t
工长		工时	52.6	81.3	109.9
高级工		工时	262.6	405.3	548.0
中级工		工时	385.1	594.4	803.7
初级工		工时	175.2	270.4	365.6
合计		工时	875.5	1351.4	1827.2
钢板		kg	87.32	111.61	135.90
型钢		kg	133.04	165.18	197.32
垫铁		kg	4.84	6.01	7.18
氧气		m^3	7.36	7.36	7.36
乙炔气		m^3	3.25	3.25	3.25
电焊条		kg	4.80	6.00	7.20
汽油	70#	kg	15.63	18.75	21.88
柴油	0#	kg	27.50	33.00	38.50
油漆		kg	12.00	12.00	12.00
木材		m^3	0.58	0.62	0.66
绝缘线		m	2.90	3.60	4.31
棉纱头		kg	3.87	4.81	5.74
机油		kg	13.55	16.82	20.09
黄油		kg	15.96	19.82	23.68
其他材料费		%	10	10	10
汽车起重机	5 t	台时	17.99		
汽车起重机	8 t	台时		19.98	21.97
电动卷扬机	5 t	台时	16.20	27.00	37.80
电焊机	交流 25 kVA	台时	9.86	13.14	16.43
载重汽车	5 t	台时	1.50	2.50	3.50
其他机械费		%	10	10	10
编号			HF1102	HF1103	HF1104

十一－3　卷扬式启闭机

单位：台

项　　目		单位	设备自重			
			1 t	2 t	3 t	4 t
工　　长		工时	15.8	17.8	19.9	21.9
高 级 工		工时	79.5	89.9	100.3	110.6
中 级 工		工时	159.7	180.5	201.3	222.2
初 级 工		工时	63.7	72.1	80.4	88.7
合　　计		工时	318.7	360.3	401.9	443.4
钢　　板		kg	11.67	14.00	16.33	18.67
型　　钢		kg	27.22	32.67	38.11	43.56
垫　　铁		kg	11.67	14.00	16.33	18.67
氧　　气		m^3	11.00	11.00	11.00	11.00
乙 炔 气		m^3	5.00	5.00	5.00	5.00
电 焊 条		kg	2.67	3.00	3.33	3.67
汽　　油	70#	kg	2.33	3.00	3.67	4.33
柴　　油	0#	kg	3.27	4.20	5.13	6.07
油　　漆		kg	3.67	4.00	4.33	4.67
绝 缘 线		m	12.46	15.59	18.73	21.86
木　　材		m^3	0.11	0.13	0.16	0.18
棉　　布		kg	0.50	0.62	0.75	0.87
棉 纱 头		kg	1.49	1.87	2.25	2.62
机　　油		kg	1.49	1.87	2.25	2.62
黄　　油		kg	1.99	2.49	3.00	3.50
其他材料费		%	15	15	15	15
汽车起重机	5 t	台时	5.04	5.53	6.02	6.51
电 焊 机	交流 25 kVA	台时	10.00	10.00	10.00	10.00
载重汽车	5 t	台时	2.16	2.37	2.58	2.79
其他机械费		%	10	10	10	10
编　　号			HF1105	HF1106	HF1107	HF1108

十一-4 螺杆式启闭机

单位：台

项目	单位	设备自重				
		0.5 t	1 t	2 t	3 t	4 t
工长	工时	10.1	12.8	15.1	17.2	19.6
高级工	工时	50.9	64.4	76.3	86.8	98.8
中级工	工时	102.2	129.3	153.3	174.4	198.4
初级工	工时	40.8	51.6	61.2	69.6	79.2
合计	工时	204.0	258.1	305.9	348.0	396.0
钢板	kg	20.00	25.00	30.00	35.00	40.00
氧气	m^3	6.00	6.00	10.00	10.00	11.00
乙炔气	m^3	2.60	2.60	4.30	4.30	4.80
电焊条	kg	1.00	1.25	1.50	1.75	2.00
汽油	kg	1.50	1.50	2.00	2.00	2.50
油漆	kg	2.00	2.00	2.50	2.50	3.00
其他材料费	%	10	10	10	10	10
汽车起重机 5 t	台时	1.71	1.71	3.47	4.50	6.75
电焊机 交流25 kVA	台时	2.50	2.50	5.00	6.00	7.50
载重汽车 5 t	台时	1.20	1.40	1.80	2.20	2.60
其他机械费	%	5	5	5	5	5
编号		HF1109	HF1110	HF1111	HF1112	HF1113

十一-5 电动葫芦

单位：台

项目	单位	起重能力			
		1 t	3 t	5 t	10 t
工长	工时	1.4	2.8	4.2	7.6
高级工	工时	7.1	14.0	21.0	38.4
中级工	工时	14.2	28.2	42.1	77.0
初级工	工时	5.7	11.3	16.8	30.8
合计	工时	28.4	56.3	84.1	153.8
木板	m^3	0.002	0.002	0.003	0.004
汽油 70#	kg	0.58	0.62	0.65	0.75
煤油	kg	1.56	1.60	1.64	1.74
机油	kg	0.84	0.86	0.87	0.90
黄油	kg	1.44	1.46	1.47	1.52
棉纱头	kg	0.09	0.11	0.24	0.56
棉布	kg	1.61	1.72	1.83	2.10
其他材料费	%	15	15	15	15
载重汽车 5 t	台时	0.35	0.42	0.48	0.64
电动卷扬机 5 t	台时	10.56	12.48	14.40	19.20
其他机械费	%	10	10	10	10
编号		HF1114	HF1115	HF1116	HF1117

十一-6　单轨小车

单位：台

项　　目	单位	起重能力			
		1 t	3 t	5 t	10 t
工　　长	工时	1.3	1.7	2.0	2.8
高 级 工	工时	6.6	8.3	10.0	14.3
中 级 工	工时	13.3	16.7	20.2	28.7
初 级 工	工时	5.3	6.7	8.0	11.5
合　　计	工时	26.5	33.4	40.2	57.3
木　　板	m^3	0.002	0.003	0.003	0.004
汽　　油 70#	kg	0.36	0.43	0.51	0.70
煤　　油	kg	1.34	1.44	1.54	1.80
机　　油	kg	0.63	0.67	0.71	0.80
黄　　油	kg	1.24	1.28	1.31	1.40
棉 纱 头	kg	0.26	0.26	0.26	0.27
棉　　布	kg	0.61	0.62	0.63	0.66
其他材料费	%	15	15	15	15
编　　号		HF1118	HF1119	HF1120	HF1121

十一－7　工字钢轨道

单位：10 m

项　　目	单位	工字钢型号			
		$I_{12.6}$	I_{14}	I_{16}	I_{18}
工　　长	工时	3.8	4.0	4.2	4.4
高 级 工	工时	15.1	16.1	16.8	17.7
中 级 工	工时	37.3	39.8	41.4	43.7
初 级 工	工时	18.4	19.7	20.5	21.6
合　　计	工时	74.6	79.6	82.9	87.4
工字钢连板	kg	3.81	4.49	6.73	8.00
钢　　板	kg	0.72	0.72	0.72	1.03
电 焊 条	kg	1.32	1.69	2.41	2.67
氧　　气	m^3	2.68	2.85	2.94	3.49
乙 炔 气	m^3	0.80	0.85	0.87	1.04
调 和 漆	kg	0.83	0.90	1.01	1.11
防 锈 漆	kg	1.23	1.34	1.50	1.66
香 蕉 水	kg	0.12	0.15	0.15	0.18
其他材料费	%	10	10	10	10
电动卷扬机　5 t	台时	1.22	1.28	1.41	1.47
摩擦压力机　300 t	台时	0.58	0.64	0.77	0.90
电 焊 机　交流 25 kVA	台时	1.84	2.30	3.30	3.84
其他机械费	%	5	5	5	5
编　　号		HF1122	HF1123	HF1124	HF1125

第十二章

闸门安装

说　明

一、本章包括钢筋混凝土闸门、铸铁闸门安装，共2节。

二、本章定额子目工作内容

1. 钢筋混凝土闸门

本节按钢筋混凝土闸门每扇门自重分为≤5 t、≤10 t、≤15 t三个子目，以“t”为计量单位，包括本体及其附件等全部重量。

工作内容包括行走支承装置安装，锁锭安装，止水装置安装，闸门本体吊装，吊杆和其他附件安装，无（有）水试验。

2. 铸铁闸门

本节按铸铁闸门孔口尺寸（宽×高）（mm）分为1200×1200以内、1500×1500以内、2000×2000以内、2500×2500以内、3000×3000以内五个子目，以“套”为计量单位。

工作内容包括设备清点、检查，二期混凝土浇筑，闸门安装，无（有）水试验。

十二-1 钢筋混凝土闸门

单位：t

项目	单位	每扇闸门自重（t）		
		≤5	≤10	≤15
工长	工时	2.5	2.2	1.7
高级工	工时	13.0	11.5	8.7
中级工	工时	22.5	19.9	15.1
初级工	工时	13.0	11.5	8.7
合计	工时	51.0	45.1	34.2
钢板	kg	5.00	4.50	4.00
氧气	m^3	1.00	1.00	1.00
乙炔气	m^3	0.40	0.40	0.40
电焊条	kg	2.00	1.80	1.60
其他材料费	%	10	10	10
汽车起重机 10 t	台时	1.57		
汽车起重机 16 t	台时		1.15	
汽车起重机 25 t	台时			0.86
电焊机 交流 25 kVA	台时	1.50	1.50	1.50
其他机械费	%	5	5	5
编号		HF1201	HF1202	HF1203

注：闸门止水装置的橡皮和木质水封、导轮及安装组合螺栓等本体价值均不包括在本定额内，应作为设备部件考虑。

十二－2　铸铁闸门

单位：套

项　　目		单位	宽×高（mm 以内）		
			1200×1200	1500×1500	2000×2000
工　　长		工时	8.5	10.2	13.9
高 级 工		工时	44.0	53.0	72.0
中 级 工		工时	76.1	91.8	124.7
初 级 工		工时	44.0	53.0	72.0
合　　计		工时	172.6	208.0	282.6
镀锌铁丝		kg	2.00	2.00	2.00
木　　材		m^3	0.03	0.04	0.05
枕　　木	250×200×2000	根	0.25	0.33	0.40
膨胀水泥		kg	211.00	276.50	408.00
砂　　子		m^3	0.33	0.45	0.70
碎　　石		m^3	0.37	0.52	0.80
棉　　纱		kg	0.30	0.38	0.50
电 焊 条		kg	0.36	0.42	0.48
平 垫 铁		kg	12.00	13.50	15.00
斜 垫 铁		kg	41.12	46.26	51.40
棉　　布		kg	0.30	0.38	0.50
黄　　油		kg	1.30	1.45	1.70
机　　油		kg	0.30	0.38	0.50
煤　　油		kg	0.90	1.15	1.60
其他材料费		%	15	15	15
汽车起重机	8 t	台时	1.09	1.02	0.51
汽车起重机	12 t	台时		0.58	1.73
载重汽车	5 t	台时	0.32	0.38	0.51
电 焊 机	直流 30 kW	台时	0.59	0.69	0.79
其他机械费		%	10	10	10
编　　号			HF1204	HF1205	HF1206

续表

项　　目		单位	宽×高（mm 以内）	
			2500×2500	3000×3000
工　　长		工时	18.6	24.4
高 级 工		工时	96.7	126.7
中 级 工		工时	167.3	219.4
初 级 工		工时	96.7	126.7
合　　计		工时	379.3	497.2
镀锌铁丝		kg	2.00	2.00
木　　材		m^3	0.07	0.09
枕　　木	250×200×2000	根	0.53	0.69
膨胀水泥		kg	581.13	791.96
砂　　子		m^3	1.03	1.42
碎　　石		m^3	1.18	1.64
棉　　纱		kg	0.68	0.89
电 焊 条		kg	0.59	0.71
平 垫 铁		kg	17.63	20.72
斜 垫 铁		kg	60.43	71.00
棉　　布		kg	0.68	0.89
黄　　油		kg	2.05	2.48
机　　油		kg	0.68	0.89
煤　　油		kg	2.21	2.96
其他材料费		%	15	15
汽车起重机	8 t	台时	0.67	0.87
汽车起重机	12 t	台时	3.21	5.02
载重汽车	5 t	台时	1.54	2.20
电 焊 机	直流 30 kW	台时	1.83	2.49
其他机械费		%	10	10
编　　号			HF1207	HF1208

第三篇　施工机械台时费定额

目　录

说　明

一、《黄河防洪工程施工机械台时费定额》（以下简称本定额）是根据黄河防洪工程建设实际，对水利部颁发的《水利工程施工机械台时费定额》（2002）的补充，类的编号与其一致。本定额适用于黄河防洪建筑安装工程，内容包括土石方机械、钻孔灌浆机械、工程船舶及其他机械，共四类。

二、本定额以台时为计量单位。

三、本定额由两类费用组成，定额表中以（一）、（二）表示。

一类费用分为折旧费、修理及替换设备费（含大修理费、经常性修理费）和安装拆卸费，以金额表示。

二类费用分为人工、动力、燃料或消耗材料，以工时数量和实物消耗量表示，其费用按国家规定的人工工资计算办法和工程所在地的物价水平分别计算。

四、各类费用的定义及取费原则

1. 折旧费：指机械在寿命期内回收原值的台时折旧摊销费用。

2. 修理及替换设备费：指机械使用过程中，为了使机械保持正常功能而进行修理所需费用、日常保养所需的润滑油料费、擦拭用品费、机械保管费以及替换设备、随机使用的工具附具等所需的台时摊销费用。

3. 安装拆卸费：指机械进出工地的安装、拆卸、试运转和场内转移及辅助设施的摊销费用。不需要安装拆卸的施工机械，台时费中不计列此项费用。

4. 人工：指机械使用时机上操作人员的工时消耗，包括机械运转时间、辅助时间、用餐、交接班以及必要的机械正常中断时间。台时费中人工费按中级工计算。

5. 动力、燃料或消耗材料：指正常运转所需的风（压缩空气）、水、电、油及煤等。其中，机械消耗电量包括机械本身和最后一级降压变压器侧至施工用电点之间的线路损耗。

一、土石方机械

项目		单位	单斗挖掘机	振动碾
			液压	小型
			斗容（m^3）	质量（t）
			0.5	1.8
（一）	折旧费	元	29.05	8.25
	修理及替换设备费	元	17.04	2.92
	安装拆卸费	元	1.35	
	小计	元	47.44	11.17
（二）	人工	工时	2.7	2.0
	汽油	kg		
	柴油	kg	9.3	2.1
	电	kW·h		
	风	m^3		
	水	m^3		
	煤	kg		
编号			HF101	HF102

六、钻孔灌浆机械

项目		单位	回旋钻机	振动切槽机	打锥机
			Φ1500 mm 以内		
(一)	折旧费	元	30.31	31.33	4.00
	修理及替换设备费	元	46.13	40.73	8.56
	安装拆卸费	元	1.36	0.31	1.40
	小计	元	77.80	72.37	13.96
(二)	人工	工时	2.0	5.0	1.8
	汽油	kg			
	柴油	kg			2.1
	电	kW·h	50.0	93.9	
	风	m^3			
	水	m^3			
	煤	kg			
编号			HF601	HF602	HF603

七、工程船舶

	项目	单位	水力冲挖机组			
			高压水泵	水枪	泥浆泵	排泥管
			22 kW	Φ65 mm	22 kW	Φ150 mm 长 100 m
(一)	折旧费	元	0.90	1.02	1.28	1.23
	修理及替换设备费	元	2.14	2.04	2.43	0.23
	安装拆卸费	元	0.43		0.61	
	小计	元	3.47	3.06	4.32	1.46
(二)	人工	工时	0.7	2.0	0.7	
	汽油	kg				
	柴油	kg				
	电	kW·h	20.5		17.6	
	风	m^3				
	水	m^3				
	煤	kg				
编号			HF701	HF702	HF703	HF704

续表

项目		单位	泥浆泵		高压水泵
			功率（kW）		功率（kW）
			100	136	7.5
（一）	折旧费	元	8.94	11.69	0.79
	修理及替换设备费	元	15.20	18.70	1.88
	安装拆卸费	元	3.80	4.68	0.38
	小计	元	27.94	35.07	3.05
（二）	人工	工时	3.0	3.0	0.7
	汽油	kg			
	柴油	kg	22.3	29.5	
	电	kW·h			7.0
	风	m^3			
	水	m^3			
	煤	kg			
编号			HF705	HF706	HF707

续表

项目		单位	冲吸式挖泥船	机动船	
			功率（kW）	功率（kW）	
			136	11	25
（一）	折旧费	元	32.95	1.68	3.50
	修理及替换设备费	元	37.19	1.46	3.35
	安装拆卸费	元			
	小计	元	70.14	3.14	6.85
（二）	人工	工时	4.5	2.0	2.7
	汽油	kg			
	柴油	kg	30.5	0.5	3.3
	电	kW·h			
	风	m^3			
	水	m^3			
	煤	kg			
编号			HF708	HF709	HF710

九、其他机械

	项目	单位	铅丝笼网片编织机	挖坑机	摩擦压力机
			功率（kW）、最大幅宽（m）		
			22、43		300 t
（一）	折旧费	元	33.82	16.00	24.07
	修理及替换设备费	元	30.44	10.40	6.70
	安装拆卸费	元			
	小计	元	64.26	26.40	30.77
（二）	人工	工时	14.0	1.3	3.1
	汽油	kg			
	柴油	kg		12.6	
	电	kW·h	22.0		15.1
	风	m^3			
	水	m^3			
	煤	kg			
编号			HF901	HF902	HF903